世界の森から SDGsへ

――森と共生し、森とつながる

Towards SDGs from Global Forest Perspective
- Coexisting with Forests and Reconnecting with Forests

柴田 晋吾

上智大学出版
Sophia University Press

▲イギリス・ウェルズ、アベリストウィス、CCF。常時被覆林業の現場、ギャップに再生している稚樹。生物多様性保全のため枯損木を多く残している。

◀イギリス・イングランド、旧王室林のニューフォレスト国有林

▲イギリス、ハットフィールド・フォレスト／ナショナルトラスト

▲ハットフィールド・フォレストポラーディングされた老木

◀▼スロバキア、市民のレク
リエーションのフィール
ドとなっているブラス
ティラバ郊外の森

◀イタリア・ボルゴバルディターロ、
ポルチーニキノコの発生促進のた
めに間伐を実施した箇所

◀▲イタリア・アルバレート、
キノコ祭りで販売されるポル
チーニキノコ

▲タイ・クラビ、地域のリゾートホテルが PES によって
保全に取り組んでいるマングローブエリアの景観

▲タイ・チェンマイ近郊で水源 PES に取り組
む地域の人々によるチェックダムの整備

▲タイ・バンコク、バンカチャオ、草木染の制作

▶タイ・バンコク、バンカチャオ、
　伝統的なマッサージ：ハーバルボールの制作実演

▲タイ、カオヤイ世界遺産で見かけたサイチョウの一種

▲タイ、Kaeng Krachen 国立公園で地面
　から吸水する蝶

◀スイス・チューリッヒ郊外のヴァルド・ラボロの恒続林へ誘導を目指されている森林

▶ドイツ、コットンフォレストにおける自然に近い林業（CTNF）

◀ヴェネチア共和国時代の森林調査光景

▼ヴェネチア共和国の舟
500 年以上前から計画的に管理されたブナ材をオールに使用

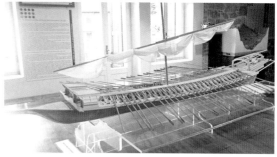

■ はじめに ──────────────

　20世紀の文明社会は、極論すれば人類が森や自然を壊してこれらの収奪の上に都合の良い富を築くことを追い求めた結果、多くの人々が自身のふるさとである森を普段意識しないで暮らす、いわば「森から遠ざかる時代」であったといえる。地球温暖化や生物多様性の減少等により人類の生存基盤の危機が顕在化し、SDGs（国連持続可能な開発目標）の実現を図ることが共通命題となった現代では、熱帯林の減少・劣化を阻止し、自然に基づく解決（Nature-based Solution）など自然の摂理と力を最大限に生かした持続可能な文明に転換することが急務となっている。文明の転換のためには様々なアプローチが必要だが、一つは「森と共生し、森とつながる時代」に向かうことである。

　林業の世界では、古くから生長量を持続させるという考え方が存在していたが、現代の持続可能の考え方は植物の成長によって獲得される木材だけではなく、有形無形の価値を生む生態系（エコシステム）そのものの持続を目指すものである。このような考え方が国際的に共有されるようになってからまだ四半世紀余りに過ぎず、世界各地で森と共生し、森とつながるための意欲的な挑戦が行われている。本書は、欧米での研究滞在などを通じて世界各地の森林と関係機関の関係者につぶさに接してきた著者が、「森と共生し、森とつながる時代」を築き上げるために必要な新たな考え方と実践手段について、世界各地の先駆的な取り組み事例を含めて解説したものである。

　第1編の「SDGsの実現と森林」では、SDGs（国連持続可能な開発目標）の実現と森林の関わりについて、国際的かつ広範な視点から解説している。まず、森林環境とフォレスター（森林・林業の専門家）の関わりの歴史とパラダイムシフトが起こった経緯を振り返り、森林に対する社会的ニーズが国際的にどのように変化しているのかについて説明している。また、持続可能を実現するための生態的森林管理／生態的林業などの最新の思想と手法を紹

介している。さらに、数々の自然の恵み（生態系サービス）の提供者としての森林所有者の意識、新たな社会的ニーズに応えるための生態系サービスを売る生態系サービス林業や森林サービス産業などの生態系サービスビジネスを含む広義の森林ビジネス（森林業）の考え方と国際動向について解説している。

　第2編の「人々の健康とレクリエーションのために森を活かす」では、欧米における野外レクリエーションの歴史的経緯と課題、レクリエーション利用の動向、青少年の外遊びの状況、野外レクリエーション利用の国際比較、レクリエーションのための私有地へのアクセス、リ・ワイルディング（再野生化）、野生生物関連のレクリエーションと新たなサービス経済、レクリエーション利用をめぐる対立と森林管理の課題、森林のスピリチュアルな価値などのテーマを取り上げ、人々の健康維持のためのレクリエーション利用のあり方について多角的な視点から解説している。

　第3編の「環境の価値を守ることで経済発展も目指す」では、アメリカ国有林で行われている地域の関係者の協働による地域再生と生態系復元の同時実現の挑戦、生態系サービスからの収入が農業収入を超えているイタリアの事例やスイスの新たなグリーンな森の仕事など様々な自然の恵み（生態系サービス）の販売の取り組み、コロナ禍で人々が森に向かう状況や500年以上も持続可能なブナ林経営を行ってきたヴェネチアの森など新たな森と人との関係を考えるために参考となる様々な取り組み、EU森林戦略2030、皆伐をしない林業の世界的拡がり、イギリスの森林拡大とパブリックアクセス戦略など、多岐にわたる切り口から世界各地の多彩な取り組みを解説している。

　本書は、「グリーンパワー」誌の「世界の森からSDGsへ」の連載記事、「森林レクリエーション」誌の「持続可能なレクリエーション」の連載記事、および他の専門誌における論考に加筆するとともに、新たな書き下ろし記事を追加して編纂したものである。専門課程に進む前の教養課程の大学生の副読本として、また、環境学や森林・農林業を学ぶ大学生や大学院生の入門的な科目の教科書や副読本として活用されることを念頭に、なるべく

平易で分かりやすい記述とするように努めた。また、自然保護活動家、森林ボランティア、森林インストラクターなど日常的に自然資源管理や環境教育に関わっておられる方々、また、自然や森林に様々な形でふれあうことに関心のある一般市民の方々が、気軽に手に取ってお読みいただけるように配慮している。

　本書が、SDGsの実現に向けた人々と森林の共生、および森との新たな関わりのあり方についての理解と新たな取り組みのヒントや契機となり、環境共生社会を実現するための一助となれば望外の喜びである。

2022年7月

著者　柴田　晋吾

━━━━━ 目　　次 ━━━━━

はじめに

 第1編　SDGsの実現と森林

第1章　森林とSDGsとの関わりについて

第2章 「フォレスティング」から始まる森との新たな関係

第2編　人々の健康とレクリエーションのために森を活かす

第1章　アメリカ編

第2章　ヨーロッパ編

第3編　環境の価値を守ることで経済発展も目指す

第1章　協働により地域の再生を目指す

第4章　SDGs実現のための世界の戦略

目　次

※本文中の肩付き番号は、参考文献に対応する番号です。

第 1 編

SDGsの実現と森林

Sustainable Development Goals

「貴重な自然環境資源は子孫からの借り物である」という考え方は、古くから日本にも、また北米の先住民にもある。このように将来世代のことを考えることが、SDGsの基本である。森林を相手に林業という超長期の営みに長年取り組んできたフォレスターに今日求められているのは、地球環境の危機を回避し人類の生存基盤を維持していくため、SDGsの実現に向けて統合的な視点から森林の保全・利用を進めていくことである。

　本編では、歴史的な経緯を見るとともに、このための挑戦を今後どのように進めていけばよいのか考える。

第1章
森林とSDGsとの関わりについて

■ 1　フォレスターはSDGsの先駆者か？

1）フォレスターの伝統的な哲学は生長量の持続（保続）

　森林・林業の専門家はフォレスターと称される。オールドフォレスターというアメリカのバーボンウイスキーがあるが、アメリカでは現代でもフォレスター＝ロッガー（伐採者）というイメージが一般的である。つまり、フォレスターというのは、森を伐採する「木こり」という社会的イメージが定着してしまっている。本節を最後までお読みいただければ、その理由が理解できるはずである。

　一方、フォレスターや林業の世界では、我々は古くから持続可能な取り組みをやってきているという主張を聞くことがある。確かに植林をしてから伐採、収穫できるのは子や孫の代という超長期の営みであるが、フォレスターが長年最も力を入れてきたのは、木材生産の持続のために植林を進めて樹木の生長量の持続を図ることであった。生長量以下に伐採量をとどめておけば、森にある木材の量が減ることがないからである。この「生長量の持続（保続）」という考え方は、1980年代中頃まで林業における世界共通の規範的な思想であった。つまり、フォレスターや林業の世界では、古くから木材生産の持続を図る取り組みを行ってきたというのは正しい。しかしながら、木材生産の持続＝森林の持続といえるかどうか？　実は、この点こそがその後に社会から大きく問われることになるのである。

2）予定調和論により環境保護との対立が激化

　森林には様々な働き、価値があることは古くから知られていた。例えば、20世紀初頭のアメリカ国有林の創設時の考え方は、国有林の利用＝賢明な

利用（wise use）による永続的な木材生産、水流の安定化（森林のスポンジ的役割）、放牧地の保全、その他の附帯的な利用（レクリエーション、ハンティングなど）とされていた（利用推進型保全の思想［Gifford Pinchot. 1907］）。つまり、フォレスターや林業の世界では、主眼は木材や水であり、これら以外の生態的機能、野生生物、レクリエーション、景観、ウィルダネス（原生自然）等の価値は、「二次的な・付帯的な（incidental）・マイナーな・特殊な」ものとして位置づけられていたのである。

とりわけ、経済発展のために木材の需要が急増した20世紀の後半、フォレスターは木材飢饉の発生を心配して大規模に植林を推進し、木材生産の持続に力を入れた。このような時代背景において、支配的な思想となっていったのがいわゆる「予定調和論」である。「予定調和論」とは、木材生産活動を進めていくことで森林の有する他の価値も問題なく確保できるという考え方であり、木材生産以外の価値はおこぼれ、制約因子として扱うことがまかり通る元となった考え方である[1]。

20世紀のフォレスターのなかにも土地倫理で有名なアルド・レオポルドのような生態学的な認識を有していた者や自然に近い林業を主張するグループはあったが、少数派に過ぎなかった。

アルド・レオポルドは、「土地のコミュニティの征服者から一市民となるべきこと」を主張し、以下のように森林家のグループ区分を行い、Aグループは生態的盲目者であると批判した。

・Aグループ：キャベツ畑的経済的観点。商品生産機能に着目。
・Bグループ：土地を生命体とみなす生態的観点。野生生物の生息地、レ
　　　　　　　クリエーション、水源、景観、ウィルダネス（原生自然）
　　　　　　　等の森林の二次的な機能に配慮[1]。

また、アメリカのフォレスターが老齢林の保全を行うようになった経緯について、モンタナ大学林学部のマッキラン教授は次のように述べている。「1970年代および80年代の半ばまで、林業の専門家で国立公園の外にある老齢林を保全する価値があると考えているものは殆どいなかったし、森林経営学の本

にもそのようなことは書いていなかった。その後、伝統的な持続生産モデルでは、老齢林に対するロマンチックなイメージを持続させるのに十分でないことに人々は気がついた。たとえ、ニシアメリカフクロウが老齢林を必要としなくとも、人々は老齢林を欲したのである。」[1]

アルド・レオポルド
(出典：ALDO LEOPOLD FOUNDATION/UW ARCHIVES,
UNIVERSITY OF WISCONSIN-MADISON)

このような状況下で、欧米はじめ世界各地で大規模集約的な皆伐施業の実施や老齢林の伐採などをめぐって、対立紛争が発生するようになった。日本でも、1980年代に知床や白神山地の原生林の伐採反対運動が起こった結果、これらの地域における林道建設や伐採が中止されて世界自然遺産として保護される契機になったことは記憶に新しい。特に、1980年代後半以降にアメリカ西海岸地域の原生林の伐採をめぐって発生したニシアメリカフクロウ紛争[2]などの対立紛争は、「森のなかの戦争」と呼ばれるようになり、アメリカ国有林の土地資源管理計画の是非は裁判所しか判断できないような事態に陥った[1]。

3）フォレスターのパラダイムの転換

折しも、1987年の国連Brundtland委員会レポートによって、持続可能な開発とは、現在世代が将来世代のニーズを損なうことのないこと、すなわち、世代間の公平を確保することであることが広く知られるようになり、森林についても同様な考え方を適用して持続可能な森林管理を確立するための世界的な議論が行われるようになった。

このような状況に至って、フォレスターも新たなパラダイムの構築を余儀なくされ、アメリカにおいては1990年代以降、新たな林業（New Forestry）やエコシステム立脚型森林管理（Ecosystem-based Forest Management）、エコシステムマネジメント（Ecosystem Management）、生態的森林管理（Ecological

Forest Management）など、生態系の持続を基本とする新たな考え方が打ち出された。いずれも、生態面や社会面を重視し、生産物だけではなく生態系の状態に着目し、広域の視点に立って不確実性に対処するための柔軟な実行を確保する順応型管理を取り入れるとともに、人々の参加・協働を重視する考え方である[1]。ヨーロッパでも、1990年代にスウェーデンやフィンランドで森林法制度の大改革が行われるなど、同様の方向に転換が図られた[1]。

　ここに至り、木材生産のための生長量の持続は生態系の持続のためには十分ではないことが明白となり、持続可能な森林管理というニーズに応えるために予定調和論は通用しないことが明らかになったのである。

　アメリカでは、ニシアメリカフクロウ紛争に代表される、「森のなかの戦争」を経て、国有林の政策転換が行われ、また、フォレスターは森林施業についての社会的ライセンスを失ってしまった[3]。①拡大造林（アメリカ、カナダ、オーストラリア、チリなど）、②先住民問題（アメリカ、カナダ、オーストラリア、チリ、スウェーデンなど）という林業に対する2つの懸念が世界的に高まっていった[3]。日本でも、拡大造林が盛んであった1980年代ごろまでは、人工林率100%近くを目指していた町村が数多くあったが、世界的に森林管理の考え方だけではなく、政策決定プロセス、社会との関係、市民参加のあり方が変化したのである。

伐採反対運動が起こったクラクォットサウンドの原生林の景観
　　　　　（バンクーバー・カナダ、提供：勝久彦次郎）

多くの逮捕者が出たクラクォットサウンドの伐採反対運動
　　　　　（バンクーバー・カナダ、提供：Peter Besseau）

アメリカの森林経営の教科書の変遷が、森林経営学の考え方の移り変わりを明快に示している[4]。20世紀後半以降、アメリカの森林経営の考え方は、木材経営、森林経営、そして生態的森林管理へと変わってきている。1985年刊行の『森林経営学3訂版』（Forest Management. 3rd Edition）は、森林政策学者であるオレゴン州立大のNorman Johnson教授と森林経営学者であるカリフォルニア大バークレー校のLaurence Davis教授（故人）の共著で、アメリカの森林経営学の最もスタンダードな教科書であった。その後、Johnson教授は2018年に生態学者のワシントン大学のFranklin教授ほかとの共著による最新の森林経営の教科書を刊行した。タイトルは、『生態的森林管理』（Ecological Forest Management）である。この本がこれからのアメリカの森林経営のスタンダードな教科書となっていくであろう。

いずれにしても、森林の管理経営を担うフォレスターは、これからも舵取りの難しい専門家、職業であり続けるであろう。単なる基礎科学ではなく、開発と保全のどちらか両極端の営みではなく、これらのバランスが求められる総合科学、政策学、そして芸術（art）であるからである。

2　SDGs時代の森に何が望まれているか？

1）日本における世論調査の結果

森に期待する役割も、時代とともに変化している。日本での近年の調査結果によれば、国民の森林に期待する役割の上位には、災害防止、地球温暖化防止、水源保全が入っており、木材生産の順位も回復しつつあるところであるが、東京都の最近の調査結果によれば、木材生産は極めて低い順位になっている。

政府の世論調査の結果を見ると、2015年の結果で上位にあるのは、山崩れや洪水などの災害を防止する働き、地球温暖化防止の働き、水資源を蓄える働きであり、災害防止と水資源は1980年以降変わっていないが、地球温暖化防止は1999年になって突然上位に入るようになった。これは、地球温暖化防止のための京都議定書が1997年に採択されたためであろう。また、災害防止や水源保全が上位にあるのは、森林に覆われている急峻な山国であ

る日本の特性を表している。一方、木材生産は、1980年においては2位に入っていたがその後順位を落とし、1999年には最下位になったが、2015年には4位にまで回復してきている[5]。

図表1－1 森林に期待する役割の変遷

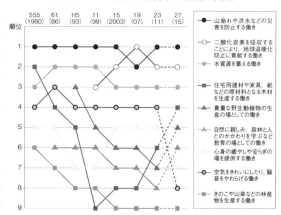

注1：回答は、選択肢の中から3つを選ぶ複数回答である。
　2：選択肢は、特にない、わからない、その他を除き記載している。
資料：総理府「森林・林業に関する世論調査」（昭和55（1980）年）、「みどりと木に関する世論調査」（昭和61（1986）年）、「森林とみどりに関する世論調査」（平成5（1993）年）、「森林と生活に関する世論調査」（平成11（1999）年）、内閣府「森林と生活に関する世論調査」（平成15（2003）年、平成19（2007）年及び平成23（2011）年）、農林水産省「森林資源の循環利用に関する意識・意向調査」（平成27（2015）年10月）を基に林野庁で作成。
（出典：5)）

図表1－2 森林と国有林に期待する役割（複数回答3つまで）

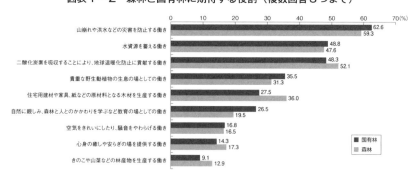

注1：消費者モニターを対象とした調査結果。
　2：この調査での「消費者」は、農林水産行政に関心がある20歳以上の者で、原則としてパソコンでインターネットを利用できる環境にある者。
資料：農林水産省「森林資源の循環利用に関する意識・意向調査」（平成27（2015）年10月）
（出典：5)）

　また、2015年に消費者モニターを対象として行われた国有林と森林一般に分けて尋ねた調査結果（**図表1-2**）を見ても、国有林と森林一般での期待の差はあまりなく、いずれも災害防止、水資源、地球温暖化防止が高く、上記の世論調査と同様の結果となっている。

　一方、2017年の東京都の都政モニターに対する調査結果（**図表1-3**）を見ると、東京の森林に期待する機能としては、多い順に水質浄化・水資源、地球温暖化緩和、野生動植物の生息、山地災害防止、自然体験や環境学習となっており、木材生産と回答した者は極めて少ない。東京に住む一般市民の多くが、森林に様々な環境を守る働きを期待しており、木材生産に対する期待は極めて限定的な現状が浮かび上がる。

図表1-3　東京都の森林に期待する機能・役割

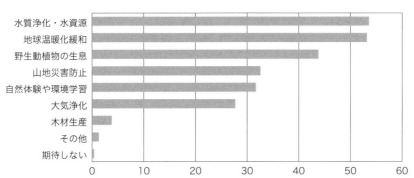

（出典：6）森づくりフォーラムシンポジウム資料（平成29年度第1回都政モニター「東京の森林・林業と水産業」調査結果の一部抜粋）（470名／500名が回答）Q2. 東京の森林に期待する機能や役割を3つ回答）

2）諸外国の状況

　諸外国の状況を見ると、一般的に先進諸国においては伝統的な経済的収入を中心とした期待から、森林の提供する多様なサービス（生態系サービス）に対する社会的期待の高まりへのシフトが起こってきている。

　例えば、韓国における森林政策の重点は、最近の60年間で、法制度の骨格整備（1960年代）、植林や緑化による森林復旧（1973 ～ 1987年）、森林産業の発展による収入の拡大（1988 ～ 1997年）、資源の多様化と増強のための森林

の保育（1998 〜 2007年）、人々が森林の環境サービスを楽しむための福祉と
環境サービスのための森林（2008年以降）のように変化してきている[7]。

　また、2013年にアメリカオレゴン州で行われた「森林（公有林）に対す
る期待とどのような施業を期待するか」のアンケート調査に対する都市住民
の回答は、老齢林の保全、水、野生生物、レクリエーション利用が、雇用と
郡への支払いよりも多い結果であった。さらに、興味深いのは、南西部山村
住民の回答も全く同様な傾向であったことである。つまり、都市住民も山村
住民も、年齢、性別、政党を問わず「生態的林業」の要望が高いことが明ら
かになった。なお、この傾向は所有による違いがあり、国有林＞州有林＞私
有林の順にこの傾向が強まる[8]。

　また、ヨーロッパにおいて森林生態系サービスの社会的認識について調査
したデータがある。これは示した便益の重要性について、重要でないを0、
極めて重要を100として、3,379名の回答者の平均スコアを算出したもので
ある。これによれば、動植物の生息地96、審美的価値96、大気の質95、人
間の健康93、炭素固定90などが最も高く、これに次いで騒音低減85、自然
災害防止82、気温低下81、レクリエーション80、水・土壌の保全80、スピ
リチュアルな価値79、非木材産品70、教育68となっており、より重要でな
いと回答されたものは、雇用50、薪43、木材34、狩猟20となっており、生
物多様性保全や景観、人間の健康など経済産品以外のサービスに対する期待
が極めて高いことが明らかになっている[9]。

　しかしながら、ヨーロッパにおいても、地域によって社会的ニーズ、プラ
イオリティの違いが鮮明に見られる。また、林業と木材、自然保護という
異なる2つの考え方は、それぞれEU（委員会）農業総局と環境総局の立場
であり、それぞれのグループで森林に対する見方、政策目標、資源管理の
規範、政策の焦点が異なる。すなわち、フィンランド、オーストリア、ス
ウェーデンなど森林の多い国々は前者の勢力が強いが、オランダ、デン
マーク、ベルギーなど森林が乏しく都市近郊の国々は後者の勢力が強い[9]。
つまり、環境面と経済開発面との対立や意見の相違は、1990年代以降に盛
んになった協働によって解決された訳ではないのである。環境保護と生産推

進という両極のコアの考え方は不変であり、環境保護と経済開発をどう調和させるかという古くからの課題の解決がいかに難しいかを示している。

図表1-4　ヨーロッパにおける森林をめぐる二つのグループの違い

項目	林業と木材	自然保護
森林の見方	持続的に使用する資源	保全すべきかけがえのない生物多様性からなる生態系
主な政策目標	革新的な森林セクターの競争性	生物多様性と自然度を増やす
資源管理の規範	持続可能な森林経営	保全と自然に近い林業
主な政策の焦点	森林所有者と生産者の支援。市場のガバナンス。インセンティブ	森林保全。規制とインセンティブ
該当する機関や国	EU（委員会）農業総局。森林が多い国（フィンランド、オーストリア、スウェーデン）。林業局	EU（委員会）環境総局。森林が少なく、都市近郊の国（オランダ、デンマーク、ベルギー）。環境NGO。環境部局

（出典：9））

3）強い持続可能性とSDGsの17ゴールの関係

　森林とSDGsとの関連は、「目標17：陸の豊かさを守ろう」のみではなく他の多くの目標に関係している。森の豊かさを守ることが、様々な生態系サービスの保全につながり、SDGsの他の目標の実現につながるのである。

　さて、SDGsの17の目標を、生物界（生態系）、社会、経済の3つの階層に整理し直したものが、ウェディングケーキモデルと呼ばれる**図表1-5**で

図表1-5　SDGsの17目標の3つの階層への区分

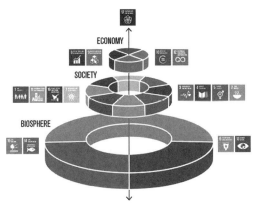

（出典：10））

11

あり、生態系の基盤の上に社会があり、その上に経済があるという強い持続可能性の考え方を明確に示したものである。

　このモデルを上から見たものが、**図表１−６**の右側の三重丸の図になる。強い持続可能性に根ざした「生態的森林管理」や「生態的林業」はこの思想に基づいている。なお、左側の経済、生態、社会が合わさった図は、従来一般的であった弱い持続可能性の考え方である。

図表１−６　３つの持続可能性の関係

弱い持続可能性
生産林業

強い持続可能性
生態的森林管理・生態的林業

3　どうしたら持続可能を実現できるのか？[11]

１）様々な生態系サービスに着眼

　持続可能を実現するためには、生態系サービスと呼ばれる多様な森の恵みを持続させることが一つのバロメーターになる。ただし、森は打ち出の小槌ではない。森林の特定の価値の過度の追求は、持続可能ではなくなるというのが、20世紀のアメリカの教訓である[1]。すなわち、成長量の範囲内で木材生産を追求したアメリカでは、このことによって老齢林の喪失を招いた。生態系の持続を図りつつ、トレードオフを生じないような形でいかにして様々な生態系サービスの実現を図っていくかが問われている。

　様々な生態系サービスをどのように実現していくのかについては、長期的かつ包括的な視点に基づく計画に基づく必要がある。この際、貨幣価値への換算が難しい生態系サービスは、従来、切り捨てられることが多かった。し

かしながら、これからはそれらの定量化や定性的な把握が難しい価値を大事にしなければならない。それぞれの地域のニーズに応えて、持続可能な地域づくりに森をどう活かしていくかが問われているのである。そしてどういう姿が持続可能なのかは地域ごとによって異なり、もとより一つの正解はない。その探求は創意工夫次第、終わることのない旅という面があるのである。

2）生態的森林管理／生態的林業の推進

　アメリカでは古くから森林の多目的利用が進められてきたが、保護か生産かという二者択一の議論が多く、その中間の統合的な利用を進める観点から生まれたのが「生態的森林管理（Ecological Forest Management）／生態的林業（Ecological Forestry）」の考え方である。すなわち、生産林業（「集約的一斉植林地」）は天然林保護に貢献するが、様々な制約からその拡大には限度がある。一方、「厳正保護林」も同様である。実際、世界の森林の大部分は、「集約的一斉植林地」と「厳正保護林」の中間の森林である[1]。したがって、これらの森林において、多様な形態の非集約型の「生態的森林管理／生態的林業」を推進することによって、多様な生態系サービスを保全・増進することが現実的であると考えられる。

　「生態的森林管理／生態的林業」においても経済的視点は重要であるが、生産林業（Production Forestry）のように経済価値最大が決定の主要な規範ではなくなり、また、不確実性が多く存在するなかで、数多くの生態系サービスに着目することで、リスクを減らしレジリエンス（強靭性）の高い森林をつくるという視点が重要となる（**図表1－7**参照）。さらに、「生態的森林管理／生態的林業」では、様々な生態系サービスに視点を置くことから、多様なステークホルダーの包括的な（inclusive）参画が重要になる。

　一方、森林の多機能の発揮が重要な政策課題にされているヨーロッパでは、2021年に策定されたEU森林戦略2030に「自然に近い林業（Close-To Nature Forestry, CTNF）」の推進が書き込まれたが、自然に近い林業も生態的な林業と同様の考え方であると考えて差し支えないであろう。

図表 1 − 7 生産林業と生態的森林管理（生態的林業）の違い

	生産林業	生態的森林管理（生態的林業）
目的	**持続的成長量管理。木材生産主導**（多目的利用と称する場合も、木材生産成長量の確保が基底にあり、他の生態系サービスは制約因子あるいは付帯的利用という位置づけが一般的）。	木材生産を含む**多様な生態系サービスの実現**を目指す。生態的原則を基本に、広範な生態的・経済的・文化的・社会的目的の同時実現を目指す。
哲学	**生産フォレスター／弱い持続可能性**	**エコロジカル・フォレスター／強い持続可能性**
施業方法	自然プロセスに反した生態系の**単純化**の方向。**皆伐による一斉林の造成など画一的施業**が中心。	自然プロセスを模倣し、**複雑化**させる方向。孔状面伐採・天然林施業、影響低減伐採（RIL*）、**不均一密度間伐**（VDT**）、**多様保残収穫法**（VRH***）など多様な施業による森林ステージのモザイクを創出。**伐採活動が生物多様性等の価値を創出**するという目的ともなる。
視点	**収穫物を見ることに重点。狭い林分の視点。枯れ枝、枯れ木等は除去。**	**残る森を見る**ことに重点。**広域の景観域**の視点。**枯れ枝、枯れ木等を保残。**
経済的収入（可能性）	均質的木材・バイオマスの大量生産・販売。限られた種類の非木材森林産品の販売。	伐採に伴う木材や各種非木材森林産品の販売。（カーボンクレジット、レクリエーション利用、水、野生生物生息、炭素固定など各種**生態系サービスへの支払い(PES)**、あるいは、**生態系サービスの販売**）。

注）＊RIL（Reduced Impact Logging）
　　＊＊VDT（Variable Density Thinning）
　　＊＊＊VRH（Variable Retention Harvesting）

（出典：8）を参考に作成）

3）ネイチャー・ポジティブに向けた社会変革の推進

　地球規模で見ると、森林は地球上の31%の面積を占め、80%の両生類、75%の鳥類、68%の哺乳類など地球上の陸上の生態系の生物多様性の大部分を擁している。また、60%の維管束植物は熱帯林にある。これらのうち3分の1以上は原生林であり、半分近くは比較的手つかずの天然林である[12]。

　2019年の生物多様性及び生態系サービスに関する政府間科学政策プラットフォーム（IPBES）地球規模調査報告書（以下、地球規模調査報告書と称する）は、従来の産業社会の行動を大きく変える「社会変革（transformative change）」を推進するために協力して努力しない限り、愛知目標の生物多様

タイ南部クラビ郡クラビ川河口付近の荒廃 近年の気候変動による高潮の頻発によって
したマングローブエリア（2016年8月撮影） 砂浜が洗堀されているビーチリゾート、タ
イ南部クラビ郡 （同）

性保全やSDGsの達成は不可能であると述べている[13]。

　現在の大量生産、大量消費社会は、その社会経済活動を通じて、生態系と生物多様性を損なうことによって人間の生存の基盤を破壊しうる。私達は、変革をもたらす変化を通じて、自然と調和した持続可能な社会への移行を必要としている。2020年9月の愛知目標の最終評価文書：地球規模生物多様性概況第5版（GBO5レポート）は、これらの減少傾向を逆転させるためのアクションのポートフォリオを示した[14]。また、日本の環境政策では脱炭素化、地方分権化、サーキュラーエコノミーの3つの重要な移行が提案されている[15]。GBO5は、移行が必要な8つの側面を示しており、土地と森林に加えて、持続可能な農業、持続可能な食料、持続可能な淡水、気候変動対策などの他の側面が森林に関連している。

　Transformative Changeは直訳すれば「根本的な変革」であり、これはincremental change（漸進的変化）とはどう違うのだろうか？　個人個人や政府機関のリサイクルリングや公共交通機関の利用などの努力は、漸進的変化であり、これらだけでは十分ではない。現在の軌道を劇的に変えるような全てのシステムを通じた根本的な変革が今すぐに必要なのである[16]。2019年に世界のほとんどの国々がこのことを力説したが、実際には未だにほとんどの国々はこのような変革を開始できていない。根本的な変革とは、現在の社会の経済的、社会的、制度的、技術的、行動的な構造を根本的に変えると

15

いう意味である。補助金の改革、強力な環境法の制定と施行、成功と成果の測定方法を変えることなどが含まれるとされる。新たな社会的価値を創造し、世界観を発展させるような行動とともに、劇的な変化を解き放つような法制度の改革が必要だという[16]。

梃子の原理で社会変革を導く

生物多様性の消失は、損失の直接要因に対処するだけでは止めることは不可能であり、重要な介入点（レバレッジ・ポイント）に焦点を当てた統合的、順応的、包摂的なガバナンス介入（レバー）により、様々な人間活動の基となる間接要因やその根底にある価値観と行動の変化を引き起こす社会変革が必要だという[16]。適切な介入点に介入を行うことで、動かすことができそうもないような重量物を梃子の原理で動かすのである。ガバナンスの介入としては、「インセンティブと能力強化」、「部門横断的な協力」、「先制行動」、「強靭性（レジリエンス）と不確実性を考慮した意思決定」、「環境法とその実施」が、介入点としては、「良い暮らしについての多様な観念（ビジョン）の受容」、「消費と廃棄の総量の削減」、「価値観と行動の解放」、「不平等の是正」、「保全における正義と包摂の実践」、「外部性とテレカップリングの内部化」、「環境にやさしい技術・革新と投資の確保」、「教育および知識の形成と共有の促進」が挙げられている（**図表1－8**参照）。

ガバナンス介入（レバー）

地球規模調査報告書第5章の筆頭連携著者であるブリティッシュコロンビア大学のカイ・チャン教授はガバナンス介入（レバー）を、インセンティブ、管理、環境法の3つにまとめている。

まず、インセンティブとしては、社会的環境的状況の改善に結びつくような補助金の改革がある。資源利用や生産量増加のための動機づけを行う既存の補助金の多くは、例えば、農薬の使用が地下水への化学物質の浸透を生むなど環境への様々な負の影響を生んでいる。このため、まずは既存の補助金の悪影響を洗い出すことが第一歩となる。破壊的な収奪・生産を促すような

図表1－8　地球規模の持続可能性のための「全社会の変革」を表す図

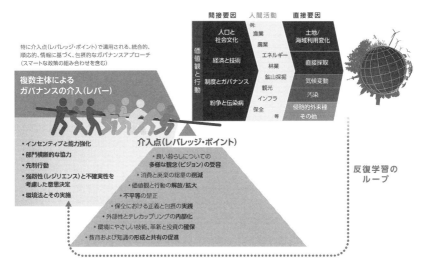

注：生物多様性の損失を止めるには、損失の直接要因に対処するだけでは不可能であり、重要な介入点（レバレッジ・ポイント）に焦点を当てた統合的、順応的、包摂的なガバナンス介入（レバー）により、様々な人間活動の基となる間接要因やその根底にある価値観と行動の変化を引き起こす「社会変革」が必要。
資料：IPBESの地球規模評価報告書政策決定者向け要約より環境省作成

（出典：**17**））

　誤った補助金を小規模で生態的な復元活動に転換することによって、労働者にも好結果を与えるとともにサーキュラーエコノミーへの革新を促すことになるのである[16]。

　また、管理については、不確実性、および社会生態システムの複雑性に対応した先制的、包摂的、統合的、堅牢な、組織・プログラム・政策への改革がある。従来の組織・プログラム・政府機関などの管理システムの多くは、環境保護を差し置いて資源収奪と経済成長を重視するという古い考えに立脚している。既得権者はしばしば、不確実性イコール無知であるかのように不確実性があることを行動しない理由にする。実際、森林や湿地の消失、舗装、ゲリラ豪雨をもたらす気候変動などが洪水をもたらすという累積効果が考慮されることはほとんどない。多くの相互作用的な原因、不確実なフィードバック、単純な解決策がない気候や生物多様性危機のような複雑な問題に直面して、持続可能な道筋に向かうためには、革新的な管理システムが必要となる。

観光開発のために伐採が進むフィジーのマングローブ林。写真はナンディ周辺の
デナラウ地区。　　　　　　　　　　　　（2018年撮影。提供：Salanieta Tuisuva）

　その特徴は、1）確実な証拠がない場合でもアダプティブ（順応型）な行動
をとる（決定における予防原則の採用）、2）攪乱が起こった場合に現在と将
来の人々のニーズに効率的に応えることができるような強靱性（レジリエン
ス）を育てる、3）経済セクター、国、州、地域を越えて広く統合するとい
う点にあるとしている[16]。

　さらに、環境法については、環境法と政策を強化し、汚職を追放することが
ある。近年自主的なアプローチが好まれる傾向があるが、ほとんどの地域にお
いて持続可能なガバナンスを欠いており、環境法の方向を強化し、遵守させる
ための十分な仕組みを組み込むような改革が必要となっている。多くの高所得
国においてさえ、既得権者が政治家や官僚に影響を与えるような特別な機会が
ある。環境法や政策は自然を守るだけでなく、人々と自然の権利を固めるよう
な改革がされるべきであるとともに、疎外された人々が法律の不平等な保護に
よって大きな被害を受けることがしばしば起こることから、法制定のプロセス
を透明化して、既得権者の影響が及ばないようにすべきだとしている[17]。

介入点（レバレッジ・ポイント）

　介入点（レバレッジ・ポイント）のうち、「良い暮らしについての多様な
観念（ビジョン）の受容」、「消費と廃棄の総量の削減」、および「価値観と

タイ・チェンマイ近郊ホアロア集落のカレン族の
人々。右の写真は食べられる野生の果実を採取し
たところ。　　　　　　　　（2016年8月撮影）

行動の解放」について見てみよう。

　「良い暮らしについての多様な観念（ビジョン）の受容」については、良
い生活とはモノの消費と経済成長というイメージが染み付いている現代社会
では、幸福が消費するモノやサービス、そして成功は金銭的な裕福度や収入
に比例すると広く信じられている[16]。このことが持続不可能なレベルの資
源の収奪と温暖化ガスや廃棄物を生み、社会的不平等と環境劣化がはびこる
状況を生んでいる。持続可能な未来のためには、このようなライフスタイル
を変えなければならない。

　世界各地において、近隣者との信頼、介護へのアクセス、創造性のある表
現の機会、認知されることなどの社会的に媒介された非物質的な要素が、生
活の満足度を生むのに主要な役割を果たしているという多くの証拠がある[18]。
貧困ラインを越えた一定の収入以上の層においては、幸福は収入や消費では
なく人々や自然との関係で決まっているという研究結果もある[16]。

関係価値と幸福と成功の再定義

　幸福や成功の再定義を行うために、個人レベルにおいては良い暮らしにつ
いての自分自身の考えを変えるだけでなく、周辺の人々やコミュニティに影

響を与えるSNSなどによる社会的シグナルの発信（social signaling）が重要となる。政策決定レベルにおいては、政府機関は持続可能なウェルビーイングを育てることを第一に考え、経済成長はそのための手段に過ぎないというように意識を変える努力をする必要があるのである。これに関連してチャン教授は、環境政策の決定において生態系サービスの経済的価値だけでなく、人々と自然との関係の価値（relational value）にも重点を置くことが重要であると指摘している。すなわち、従来環境の価値は、自然が人々に喜びや満足をもたらす価値である手段的価値（instrumental value）と人々とは関係なく自然そのものが有する価値である内在的価値（intrinsic value）に大別されて考えられてきたが、これらのみでは自然への関心の根幹部分を見落す恐れがあるとしている[18]。

　人々と自然との関係の価値（relational value、以下、関係価値と称する）とは、例えば水源によって緩和される汚染の影響など、人々と自然の関わりから生まれる価値、美徳、原則など人々と自然の関係全てを指し、幸福感や良い生活と関係する価値、あるいは環境管理の活動などによって生まれる責任や配慮の気持ちも含まれる[18]。これらの関係価値や関係に根ざした良い生活の考え方は、世界各地の先住民などの世界観に広く見られるという[18]。いわゆる文化的サービスは本来相関的なものであり、手段的価値での説明が難しい概念であることから、望ましい関係および現実の関係の状況から評価されるべきであるとしている。多くのPESプログラムが外部者から地域住民への押し付けになっている場合が多く、土地所有者や地域住民の既存の土地との関係を基本として再構築すべきであるとも述べている[18]。贅沢や経済成長が成功であるという考えから離れることは、全ての経済的追求や物的快適を放棄することではなく、ウェルビーイングについて人々と自然との調和した関係を含む非物質的な要素に重点を置いた、より包括的な理解をすることが必要だとしている[16]。

消費と廃棄の総量の削減

　「消費と廃棄の総量の削減」については、地域や国によって状況が異なる。

多くの先進諸国では人口増が止まっているが、必要以上の消費が行われていることから、いかに少ない消費で満足できるようにするかということが課題である。一方、ほとんどの開発途上国では人口増が続いており、人口増の抑制と先進諸国の歩んだ持続不可能な道筋を繰り返さないようにすることが求められる。

　消費を変えるために、次の4点が必要だという。1）物的消費ではなく関係に根ざした良い暮らしのモデルを作り提唱する、2）持続不可能な消費と人口増加を引き起こす不平等を撲滅する、3）女性の教育とインパワーメント（権利および持続可能な生殖）、4）人々が自家用車、大きな家などがなくとも幸せに暮らせるようなインフラと都市計画を志向する。

価値観と行動の解放

　「価値観と行動の解放」としては、人々が価値観を表明する場をもっていないことが大きな問題であり、関係価値を自由に表明できるよう、政府や社会組織の多くのレベルにおいて介入することが必要だとしている。このためには管轄区域における法律の強化と既得権者の影響に対抗することが必要となる。多くの人々は自然と調和した将来を望んでいるが、これらの価値観は表出する場がないために潜在的なものになってしまっているとして、チャン教授はウェブサイト上にそのような潜在的価値観を解放するためのコミュニティ・プラットフォームを設けている[16]。

ガバナンス介入（レバー）と介入点（レバレッジ・ポイント）の相互関係

　図表1-9はガバナンス介入（レバー）と介入点（レバレッジ・ポイント）がどのようにグローバルな持続可能な経済を作りだすのかについての仮想的な因果連鎖を示したものである[19]（A〜Eがガバナンス介入、（1）〜（8）が介入点を指す）。①〜⑤について、以下のように説明されている[19]。

　①新たな助成プログラム（A）によって、個人や組織が様々な資源利用者や土地・水の保全管理者が生態系を保全・復元し、サプライチェーンに関係した意図しない負の環境影響を緩和することに支払いを行うことによって、

図表1−9 仮想的なガバナンスの介入（レバー）と介入点（レバレッジ・ポイント）の相互関係

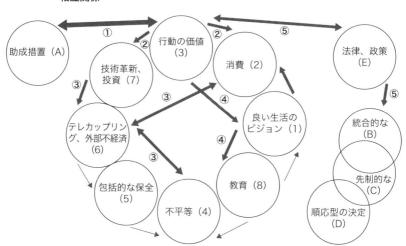

（出典：19））

環境責任についての潜在的な価値観を表明する（3）。これらの支払いが追加的な価値に根ざした行動を起こす引き金となる。

　②消費者と組織的な行動、および新たな保全・復元が革新的な実施と適切な技術を生む（7）。影響低減に対して支払いを行うことを約束する消費者と組織的な行動は、消費の削減効果を生む（2）。

　③そのような改革と消費の削減が負の環境外部効果の手綱を握る（6）。なぜなら、多くの負の外部効果は、脆弱な人々に不均衡な影響を与えることから、このことが不平等の減少に資する（4）。

　④人々が責任についての潜在的な価値観を社会的に目立つ方法で行動化することで、そのような行動が普通になり、良い生活の考え方が派手な消費から離れるよう作用する。このことによって、消費が減少し（2）、社会生態的な問題、システム、解決策についての教育を増進させる（8）。

　⑤このような価値観が引き起こす行動は法律や政策の変化と遵守を促進し、4つの効果を生む（E）。すなわち、価値観に根ざした行動を統合する（3）、管理とガバナンスシステムを統合的、先制的、順応型に変え（B-D）、自然

と資源の持続可能な利用についての教育と知識の伝達を促進し（8）、先住民
と地域コミュニティを保全・復元活動に幅広く適切に取り込み、また、有害
な生産活動や補助金・助成が撤廃される（1）。

「ネイチャー・ポジティブ」が社会変革のキーワード

　2021年10月に、チャン教授をはじめとした第一線の科学者・専門家を招
いた国際シンポジウムが開催され、森林／景観とその人々への不可欠な貢献
（生態系サービス）を守っていくために、なぜ「社会変革」が必要なのか、
また、何ができるかについて議論が行われた。以下ではその内容の一端を抜
粋して紹介する[20]。

　グローバル、国家レベルで持続可能性を達成するためには、各地域が持続
可能でなければならない。状況は世界の様々な地域によって異なり、開発途
上国では農業の拡大による森林破壊の影響が一番大きいのが現実であること
が指摘された。このため、まずは自然にプラスの影響がある（ネイチャー・
ポジティブ〔Nature Positive〕な）農業に転換することの緊急性が強調された。
また、日本の地域レベルでは、生態系サービスの持続可能な利用と都市と農
村の間の活発な交流によって自立した分散型社会を構築するために、循環的
で生態学的な経済が推進されているが、各パネラーからは世界各地での取
り組みについて紹介があった。JICAが支援を行っているモザンビークでは、
農民達に配布したカシューナッツの苗が確実に育っており、一本のカシュー
ナッツの木を20年間育てることによって、3,000キロの車の排出ガスをオフ
セットできるという。観光開発等によってマングローブ林の破壊が依然進行
しているフィジーでは、マングローブ林の保全と地域の持続可能な発展を実
現できるよう、地域のホテルや住民を巻き込んだ生態系サービスの支払い
（PES）の仕組みづくりの研究が進められている。このほか、個人レベルで、
私達の価値観とライフスタイルを変化させるために何ができるかについて話
し合われた。ガンジーの「世界には全ての人々が必要（need）とする十分な（資
源が）ある。しかし、全ての人の強欲（greed）のためには十分でない」と
いう言葉を思い出すべきことが述べられた。

　いずれにしてもSDGsの達成には多くのハードルが待ち受けている。地域の変革と一人一人の意識改革が不可欠であり、人間の活動が様々な生態サービスの保全・増進につながること、すなわち「ネイチャー・ポジティブ〔Nature Positive〕」が変革のための重要なキーワードであることが改めて明らかになった。

　森林環境税が課されるようになった日本、その背景には日本特有の事情がある。人々に生態的サービスをもたらす森の事業への投資を飛躍的に増やすことが必要であるとともに、そのような自然や森の仕事に対する支払いを行うことが当たり前と考えられるような社会を築くことが必要だと考えている[21]。

バーティカル・フォレスト（垂直の森）と称される樹木による緑化を取り入れた高層コンドミニアム。樹木の管理は専門の業者が行うために、住民が関与することはないという。　　　　　　　　　（イタリア・ミラノ市内、2020年2月撮影）

24

第2章
「フォレスティング」から始まる森との新たな関係

1 「森から遠ざかる時代」の弊害

　「はじめに」で述べたように、20世紀の経済発展と効率化至上主義が、数々の公害や環境問題に加えて、著しい都市の膨張を招き、自然環境や農と近い暮らしをしていた多くの人々が「森から遠ざかる時代」を生んでしまった[1]。このことは、森林を管理経営する人々、そして森林の数々の恩恵を享受する人々の双方にとって大きな変化をもたらした。例えば、収益を期待して奥地まで植林したものの採算性が極端に低下し、自然循環型の農山村社会の里山の営みが消滅し、森林所有者や地域住民が森に関わることが大きく減ってしまった。一方で、都市化の著しい進展によって、子ども達の森や自然とのふれあいも大きく減少してしまい、自然欠乏疾患という新たな疾病も報告されるようになった[2]。また、近年、自然とのふれあいと人々の精神的な気分の高揚との間に相関があることを示す研究も増えている。例えば、サンフランシスコの都市公園を訪問する人々の気分を調べた研究結果によれば、訪問中と訪問後の数時間は人々の気分が著しく高揚するとともに、否定的な言葉の発出が減少することを見出しており、さらに、シビックプラザやスクエアと郊外の地域公園とを比較すると、より緑の濃い後者の方が、気分の高揚が大きいことも見出されている[3]。欧米を中心に急速に増加してきているフォレストスクール（森の学校）や森のようちえんは、最近ではシンガポールなどアジアでも注目されてきている。これらの背景には、人々と自然とのふれあいが減少してきている現代において、幼少期からの自然とのふれあいの重要性が再認識されつつあることがあるであろう。

2 「森と共生し、森とつながる時代」へ

　ドイツの諺にあるように、「森にとって人はいない方が良いが、人間にとって森はなくてはならない」のである。世界各地で都市住民を中心としたレクリエーション利用需要の増大・多様化に加えて、グリーンインフラや防災など様々な森林環境の恵み・機能、すなわち、「生態系サービス」を積極的に活用していこうという動きが活発になってきている。例えば、脱炭素と経済成長の両立を目指すためのヨーロッパ地域の行動計画を示したEUグリーンディール（2019年12月）やEU生物多様性戦略（2020年5月）においては、「自然に基づく解決（Nature Based Solution, NBS）」を含む生態系の保全修復が重要な位置づけとされている。「森と共生し、森とつながる時代」はすでに始まっているのだ。コロナ禍を経て、この動きは今後一層加速するであろう。

ほとんどの人が森林から20分以内に住んでいる国スイス。写真のチューリッヒ市内にある実験林は様々な目的に利用され、大勢の市民が訪れる。子ども達もその一翼を担う。　（2019年11月撮影）

3 「生態系サービス」の供給者としてのフォレスターの役割

　今日では、森林の管理経営に携わる専門家（フォレスター）も、単なる「木材の生産者」ではなく、「様々な森の恵み（生態系サービス）の供給者」でもあることを強く意識することが必要であろう[4]。残念ながら、アメリカにおいても、単なる伐採者というのが一般の人々がフォレスターに抱くイメージであるが、そうではなくフォレスターは森を守る仕事だというような社会的イメージに変える努力が必要であろう。このためにはフォレスター自身の考え方や意識も変えなければならない。現状では、木材生産以外には金銭的

2018年12月に生態系サービスの認証を受けたボスコリミテ（写真の右側の木立）。左側はトウモロコシ畑。各種の生態系サービスの販売により、以前のトウモロコシ畑を上回る収入を得ている。詳しくは、第3編第2章1、2節を参照。　　　（ブレンタ・イタリア、2019年11月撮影）

収入の柱となるような活動はなかなか見出されないのが普通であるが、従来の常識を覆す取り組みの一つとしてカーボンクレジットなどの生態系サービス市場も整備されつつある。また、世界各地で、炭素以外にも、水源保全、レクリエーション利用、生物多様性保全などに着目した「生態系サービスへの支払い（PES）」の取り組みが盛んに行われるようになってきた[5]。今こそ、森を生態系として見て森の全ての価値を引き出す広義の森林ビジネスである「森林業」（次章参照）を追求すべきであろう。

　日本でも、森林環境の空間を観光・教育・健康などの目的に利用する「森林サービス産業」が動き始めた。豊かな環境的・社会的価値は、もはや常にただで享受できる時代ではなくなりつつある。アメリカでは、小規模な所有者でも森林カーボンビジネスに参加が可能となる企業サービスが複数台頭してきている[注1]。森林環境の様々な生態系サービスを総合的に活かして、収入も得られるような「生態系サービスビジネス」[6]も、夢物語ではなくなりつつあるのだ。

注1）例えば、NCX（ナチュラル・キャピタル・エクスチェンジ）のウェブサイト参照（https://ncx.com）。

4　「フォレスティング」を出発点に

　森の恩恵を享受する一般の人々は、どのように対応すべきであろうか。かつて著書のなかで「フォレスティング（FORESTING）」という語彙を提案したことがある。「フォレスティング」とは、FOREST を動詞として用いて、「森をする」という意味、すなわち、「人々が森や自然と能動的に関わり、それらのもたらす様々な恵みや価値を享受する営みの総称」の意味で用いた[7]。すなわち、伝統的な林業生産活動や地域の人々による山菜等の採取活動、災害防止のための森林整備活動などに加えて、近年、世界的に注目が高まっている森林や自然の恵み（生態系サービス）への支払いや未利用資源を活用した新たなビジネス、健康やレクリエーション・環境教育や野外教育のための森林の利用などの広範な活動を含む。つまり、経済的行為としては伝統的な林業生産活動に加えて、多様な森の恵み・社会的文化的なサービス（生態系サービス）の提供・販売を含む広義の森林ビジネス（森林業）に加えて、経済的行為以外の森や自然と親しみ、関わるあらゆる行為を含む幅広い言葉として用いることを改めて提案したい。

図表2－1　フォレスティングの範囲

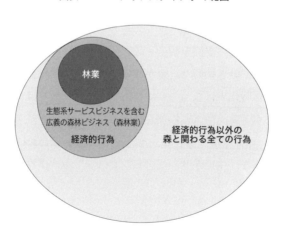

　もちろん、森と人々の関係は林業だけではない。「森と共生し、森とつながる時代」に向かうためには、森と人々との関係も見直さなければならない。林業も単なる木材生産ではなく、人々に様々な森や自然の恩恵を提供する仕事と考えれば、新たな展開が見えてくるであろう[注2]。「フォレスティング」を進めることが、森の数々の恩恵・「生態系サービス」を五感で感じとり、保全活動や持続可能な利用を進める契機になり、SDGsの実現を可能にする自然と共生した社会の創設の出発点となるであろう。

スロバキアの首都ブラスティラバ市内にある市有林。市民の身近なレクリエーション利用のフィールドとなっている。　　　　　（2019年10月撮影）

<hr />

注2）アメリカ森林局北部研究所のBrian Palik博士やバーモント大学のAnthony D'Amato博士らは、フォレスターの増大する多様な森林への要請に応え得る能力を向上させるため、農業的な森林構造の単純化が主であった伝統的な造林技術とは一線を画す、「生態的造林学（Ecological Silviculture）」を提唱・研究している（8））。

第3章
SDGs時代の広義の森林ビジネスの展望

1　はじめに

　1990年代以降、森林の生態系が提供している水源保全、炭素固定、生物多様性、景観などの多岐にわたる環境価値を守るとともに、持続可能な形で経済化するための取り組みとして、国際・国・州・流域・地域・プロジェクトなど様々なレベルにおいて、これらの環境価値に対して支払いを行う革新的な仕組みである「生態系サービスへの支払い（Payment for Ecosystem Services, PES）」の取り組みや法制化が行われるようになった。国連持続可能な開発目標（SDGs）の実現が人類存続のための必須の命題となった今日、PESに着目することによって、「生態系サービスビジネス」を含む広義の林業である「森林業」の展開が可能になるのではないか。このような考えから、本章では広義の森林ビジネスとしての「森林業」の再定義を試みるとともに、日本において木材生産のみの「生産的林業」から広義の森林ビジネス＝「森林業」に発展させる道筋を展望する。

2　「森林業」という語彙について

　木材生産によって実現されている経済的価値は、多岐にわたる自然・森の恵みのうちのごく一部に過ぎない。それなのに、なぜ大学の林学科のカリキュラムは木材生産ばかりに焦点を当て、人工林の造成方法や害虫としての昆虫防除などばかりを学ばせるのか。生態系としての森の全ての価値を引き出すような営みに焦点を当てるべきではないのか？　今から44年前の1978年当時、林学科の学生であった筆者はこのような問題意識を覚え、木材生産のイメージが染みついた「林業」という語彙を、生態系としての森の全ての価値

を引き出すような営みを指す「森林業」に変えてはどうかと提案した[1]。当時はまだ予定調和論が全盛の時代で、林野庁では拡大造林を推進し、市町村は人工林率を100％に近づけることを競っていた。その後、様々な機会に森林・林業の専門家や関係者の視野を広げる必要性を提言してきた[2]が、木材以外の多くのサービスは取引の対象とはならず、特用林産物は副産物と称されるように経済的にはマイナーな存在であり、「森林業」の実践とは多くの場合、倫理的な規範の域を出るものではなかった。

しかしながら、1990年代以降、環境価値の希少化や社会的ニーズの高まりなどとともに、世界的にPESの導入が盛んになり、近年では脱炭素化や生物多様性保全の動きがビジネスや社会にも浸透してきたことから、生態系サービスに着眼した広義の営みとしての「生態系サービスビジネス」も現実化している[3]。2019年からは、日本で森林サービス産業の取り組みも始まり、多様な価値に着眼した新たなビジネスに対する社会的期待や要請が高まってきている状況となっている。

3 生態系サービスへの支払い（PES）の考え方

生態系サービスへの支払い（PES）は多様な取り組みを包含しており、政府による法制度に基づく強制的な措置や補償金の支払いが一方の極にあり、もう一方の極には購入者と販売者による市場的な自主的な取り組み（狭義のPES）がある[4]。ビジネスや地域住民を巻き込んで、公共財として長らく無料で享受されてきたゆえに、喪失の危機にあるような環境価値の市場化に挑戦しているのが後者である。もとより経済取引の対象とすることが適切でない価値も多くあり、また、全ての状況においてPESスキームの導入が適切かつ可能とは限らない。しかしながら、地域の状況に即した革新的で持続可能なPESスキームの構築に成功すれば、土地管理者や森林所有者に追加的な収入が生まれるだけでなく、地域の関係者の連帯を強めることができる[5]。

一般的にPESは、現存する森林の消失や劣化を食い止めること、および、生態系サービスを増進させることの2つの目的に大別される。これらの2つ

の目的は境があいまいな場合もあるが、例えば、地球温暖化防止の観点から開発途上国における森林減少・劣化に対処するための国際的な枠組みであるレッドプラス（REDD＋）は前者のPESの例であり、カーボンオフセットのための放棄農地の森林化は後者であると考えられる。

4 「EU森林戦略2030」における生態系サービスへの支払い（PES）の規定

　EUグリーンディール（EGD）（2019年12月公表）やEU生物多様性戦略2030（2020年5月公表）を踏まえて、2021年7月に「EU森林戦略2030」が策定された。本戦略では、様々な森林の機能を社会が享受するため、生態系サービスを提供している森林所有者や管理者に対する資金的インセンティブの付与が必要としている。すなわち、「零細な私有林所有者や管理者は、多くの場合木材の販売収入で生計を立てていることが多いが、木材以外の生態系サービスについては、報酬が支払われているケースは極めて稀か、全くない。森林所有者・管理者が気候保全と生物多様性保全に資する森林管理を行い、森林の保全・修復によって森林のレジリエンス（強靭性）を高めることによって、林産物に加えて生態系サービスを提供することに対する駆動措置と資金的インセンティブが必要である。」[6]としている。さらに、飲料水の保全、カーボン捕捉、生物多様性保全など生態系サービスへの公的、私的な支払いの優良事例や生態系サービスについての新たなビジネスモデルの開発のためのシンシア（SINCERE）[注3]などの研究プロジェクトについても触れている。

　生態系サービスへの支払い（PES）の事例として、生物多様性保全のために私有林の一部を留保する仕組み（フィンランドのMetsoプログラム）、森林環境税（クロアチア）、地下水の保全のための施業の制約に対する補償（ドイツの連邦水法）などが取り上げられている。今後、ヨーロッパ各国において

注3) SINCERE（Spurring INnovations for forest eCosystem sERvices in Europe）プロジェクトは、EUが2018〜2022年の期間で助成し、ヨーロッパ森林研究所（EFI）が事務局機能を担っている。詳しくは、第3編第7章を参照のこと。

訪問者によるPESを試行している
ザグレブ近郊のMedvednica自然
公園のトレールの入り口。左下は寄
付ボックス
　　（クロアチア、2020年1月撮影）

Metsoプログラムのような森林所有者・管理者の収入減を補填する目的のPES
スキームを創設するため、欧州委員会が助言と技術的支援を行うこととして
いる。これらの取り組みにおいては、革新的なビジネスの創設と合わせて、特
定の生態系サービスの確保のために避けられない木材生産額の減少に対する
資金的インセンティブの提供が必要と考えられており、様々な公的資金による
PESスキームが検討されている。

5　広義の森林ビジネスとしての「森林業」の再定義

　このような状況を踏まえて、「生態系サービスビジネス」を含む広義の森林
ビジネスとしての「森林業」を再定義したい。**図表3-1**は、「従来の林業」
と広義の森林ビジネスとしての「森林業」について、それぞれの生態系サー
ビス（供給サービス、調整サービス、文化的サービス）との位置関係を示し
たものである。「従来の林業」は、小さな点線の円の範囲であり、木材生産と
非木材森林産品の一部に限られていた。持続可能な地域づくりのための森林
を活用した広範なビジネスの枠組みとしての広義の森林ビジネス（「森林業」）
は、木材・バイオマスおよび木材プラスチックやセルロースナノファイバー
などの高度加工林産を含む**クラスター1**、アロマ産品など多様な非木材森林
産品を含む**クラスター2**、ツーリズム・セラピー・ガイド業など観光・レク
リエーション利用、教育、健康などに着目したビジネス（森林サービス産業）

を含む**クラスター3**、炭素固定・水源保全・生物多様性保全などの生態系サービス市場を含む**クラスター4**の4つのクラスターからなる大きな点線の円の範囲に拡大するのである[7]。

図表3-1　広義の森林ビジネス（森林業）の範囲

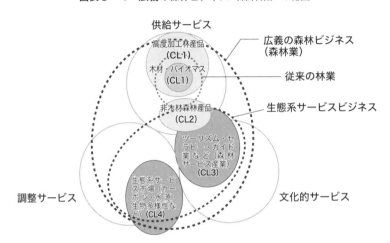

クラスター2とクラスター3の複合型：
非木材森林産品（天然キノコ）に着目したレクリエーション・ツーリズムによる地域振興の事例（ボルゴバルディターロ、イタリア）。詳しくは、第3編第2章4、5節を参照。

クラスター3中心型：森林墓地という新たな森林の利用形態。スイスでは全国で100か所ほどの森林墓地があり、収益性は木材生産の40〜70倍という試算もある。写真はヴァルド・ラボロの区域内にある森林墓地の一角（チューリヒ近郊、スイス）。詳しくは、第3編第2章6節を参照。

クラスター4中心型：トウモロコシ畑の森林化によって森林浸透区域（FIA）を造成し、水源保全などのPESによって農業を凌駕する収入を得ている事例。写真（上）は区域の全貌、写真（下）は林内（ボスコリミテ、イタリア）。詳しくは、第3編第2章1、2節を参照。

6　日本における可能性と課題

　日本における広義の森林ビジネス（森林業）の可能性はどうであろうか。ビジネス（業）としての可能性と森林所有者・管理者に対する資金的インセンティブの両面で展望してみたい。

　ビジネス（業）としての可能性については、**図表３－１**の４つのクラスターに着目すれば、クラスター１：木材・バイオマス・高度林産加工では木質プラスチックやセルロースナノファイバーなど、クラスター２：非木材森林産品では、アロマ製品、薬品、樹液などの多様な産物、クラスター３：教育・健康・観光／レクリエーション（森林サービス産業）では、ツーリズム、ガイド業などがある。なお、森林サービス産業は、**図表３－２**に示したように、木材生産と林産業の市場規模がそれぞれ2,549億円、2兆7,000億円にとどまるなかで、森林の恩恵を受けている医療・福祉産業（市場規模：85兆円）、観光・旅行（同：21兆円）、娯楽（同：22兆円）、教育・学習支援（同：14兆円）などの巨大産業と連携することによって、森林に係る市場規模の拡大につながることが期待される。一方、クラスター４の生態系サービス市場は、カーボンについてはすでに自主的なＪ－クレジットの売買が行われているが、国

図表３－２　木材・林産業と他産業の市場規模（円）／森林サービス産業の位置

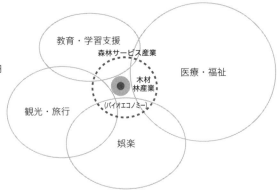

木材生産：2,549億円、
林産業：2兆7,000億円、
医療・福祉：85兆円、
観光・旅行：21兆円、
娯楽：22兆円、
教育・学習支援：14兆円

（出典：8））

レベルでの排出権取引や生物多様性オフセットなどは本書執筆時点で未導入
である。

　次に、森林所有者・管理者に対する資金的インセンティブについては、モ
ノカルチャーを豊かな森につくり変えるなど多様な環境価値を考慮した適切
な森林施業を行い、生態系サービスを提供している者の木材生産のロスに対
する補償が必要であり、支払い実績が乏しい現行の保安林の損失補償のあり
方の検討と合わせて、保安林以外の森林を対象としたきめ細かな支払いス
キームを検討すべきと考える。その財源としては、毎年620億円の税収が見
込まれる国レベルの森林環境税・譲与税の資金を活用すべきであろう。本税
収を未整備の人工林の整備費用だけでなく、望ましい森林管理を行っている
森林所有者・管理者への報奨金に充てることは森林環境税の本来的な趣旨に
合致する。しかしながら、この施策を実施するに当たっては、拡大造林時代
から基本的な思想の変更がなされていない造林補助金制度の改革と併せて行
うことが前提となる。造林補助金は、基本的に森林の生態系サービスの確保・
増進のための支払いに限定化すべきと考える。ちなみに、PESの先進国であ
るコスタリカでは、1993年に従来の木材産業向けの林業補助金を環境サー
ビスの確保のための支払いに改める抜本的法改正を行っている[5]。

　最後に、「林業」という呼称を「森林業」と改称するメリットについても
述べておきたい。第1に、国民へのメッセージ性である。日本ではフォレス
ター（森林総合監理士）などの認定が始まっているが、先述したとおりアメ
リカでもフォレスターという職業についての国民のイメージは、依然「ロッ
ガー（伐採者）」というネガティブなイメージである。「森林業」という新鮮
な響きは、フォレスターは木を伐るだけではなく、森を守って環境価値を提
供する幅広い仕事を担う職業だというイメージアップを図ることに役立ち、
理解者の増加とフォレスターのイメージの向上に資するであろう。2点目は、
森林所有者・森林管理者と一般国民、それぞれの意識改革の効果である。森
林所有者・森林管理者は、「材木のみで儲ける時代は終わった」ことを悟る
べきである。2020年に日本の森林所有者を対象として実施した意識調査の

結果を次章で紹介するが、日本でも生態系サービスの提供に熱心な森林所有者は多い[9]。また、一般国民、とりわけ都市住民には、環境はもはやただではないことを認識してもらうべきである。上記の呼称変更は、このような都市住民と森林所有者等との意識のギャップを埋めることにも役立つであろう。

日本の森林所有者の意識と取り組み

1　アンケート調査の概要

　日本の主要な私有林所有者や林業経営者が、森林の様々な生態系サービスの提供者という立場から、多面的機能の発揮や森林サービスを売る森林サービス産業についてどのような考え方を有しているかを明らかにするため、2020年7月に日本の主要な私有林所有者や林業経営者が会員となっている大日本山林会と日本林業経営者協会の会員（若干数の企業、森林組合、市町村を含む）を対象として、「多面的機能の保全・増進についてのアンケート調査」を行った。

　アンケート調査では、森林サービス産業関連の質問として、森林の保有・管理目的、保有林の多面的機能の程度についての認識、水源保全等への支払い、生物多様性保全への支払い、キノコなどの非木材森林産品、空間利用・森林サービス産業への期待、空間利用・森林サービス産業の取り組み事例、多面的機能を発揮するための森林施業等、林地の開放意思の有無、開放の対価の有無、開放しても良いと考える場合の支払い額について尋ねた。また、観光・レクリエーション利用、健康増進、および教育の目的に所有林を提供しても良い協力金の金額を尋ねる質問を設定し、仮想評価法による受入補償額（WTA）の推計を行った。配布数1,049通のうち、回収数は322であった。本章では、これらの結果のうち、主として多面的機能の発揮や森林サービス産業に関連した部分について紹介する[1) 2) 3)]。

2 アンケート調査結果

1）森林の保有管理の目的

　森林の保有管理の目的（回答数は制限なし）については、「木材生産」、「水資源の保全」、「相続」、「自然や生物多様性の保全」、「美や景観を楽しむ」の順に多く、木材生産とその他の目的の複数を管理目的とする者が圧倒的に多かった（**図表４−１**）。今回の日本における調査は、中規模～大規模所有者層を対象としていることから単純な比較はできないが、アメリカの４ヘクタール以上の家族的森林所有者を対象とした同様な調査結果を見ると、「美や景観を楽しむ」、「野生生物の生息地の保護」、「相続」、「自然や生物多様性の保全」、「プライバシー」、「水資源の保全」の順に多くなっており、「木材生産」は14番目に位置づけられている（**図表４−２**）。

図表４−１　森林の保有管理の目的

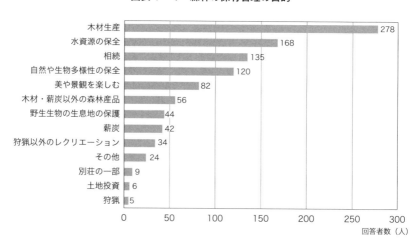

回答者数（人）

（出典：1）2）3））

図表4−2　アメリカにおける家族的森林所有者の所有理由

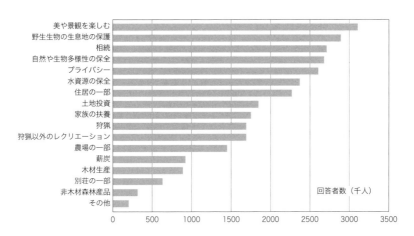

（出典：**4**））

　また、イギリスの同様な調査結果を見ると、多い順に「個人の楽しみ」、「景観保全」、「木材生産」、「生物多様性」、「長期間家族で保有」、「スポーツ」などとなっており、木材生産の位置が高い点以外はアメリカと似た傾向となっている。また、人口540万人、森林率80％以上で、61％の森林が私有林であるフィンランドの状況はどうか。フィンランドでは、私有林所有者の所有目的は、①多目的所有者、②レクリエーション利用者、③自営のための所有者、④投資家、⑤無関心所有者に区分されている。73万7千の森林所有者が34万7千か所の2ヘクタール以上の森林を管理している（2014年現在）が、木材生産の伝統が強いこの北欧の国でも、都市化と森林収入への依存の低下、社会的価値の変化によって、過去数十年間に多目的所有者やアメニティー価値を重視する所有者の増加が起こり、所有意識の変化が起こってきている。森林所有者は、森林の生態系サービスによる将来の価値形成を重視しており、将来の森林利用としては、以前は圧倒的に原材料供給という考え方が強かったが、近年は木材製品の高付加価値化と合わせて、新たにネイチャーツーリズムのための森林のレクリエーションサービスの供給の可能性を意識するように変化しているという[5]。

2）森林の果たしている相対的に重要な機能

　今回のアンケート調査で「自己森林の果たしている相対的に重要な機能」を尋ねた結果は、「土壌の流出防止」、「災害の防止」、「水質の確保」、「木材」、「水量の確保」、「きれいな空気」、「二酸化炭素吸収」の順に高くなった（**図表4-3**）。一方、「きれいな空気」、「二酸化炭素吸収」、「災害の防止」、「土壌の流出防止」については、機能の認識はされているが、先の管理目的の質問の回答にはいずれも含まれていなかった。実際には、間伐等によるカーボンクレジット（Jクレジット）の販売を実施している所有者が存在しているが、このことは、これらの管理目的が副次的な位置づけであり続けていることを示している。

図表4-3　自己森林の果たしている相対的に重要な機能

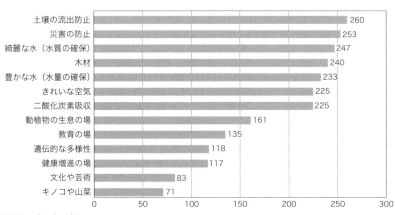

（出典：1）2）3））

3）森林の多面的機能の発揮

　また、森林の多面的機能を発揮させるために取り組んでいる森林施業等を尋ねた回答結果は、86％が間伐、75％が林道・作業道の整備、55％が長伐期化、54％が植林（針葉樹）であった（**図表4-4**）。このほか、広葉樹を育てて混交林化（色々な樹種が混じった森にすること）を志向：26％、複層林化（大きな木と小さな木が混じった多層の森にすること）：21％とこれらの施業は比較的浸透してきている。このほか、伐採を控えている：16％、里山林の整備：15％、野生生物の生息地の保全：14％、皆伐を小面積化：13％、皆伐を

やめた：13%、遊歩道の設置：11%、枯れ木の残置：7%などとなっている。いわゆるエコロジカルな林業の取り組みのうち、広葉樹林化・混交林化や皆伐中止（小面積化）の取り組みは少しずつ浸透しつつあるが、枯れ木の残置などは依然極めて少数派である現状が明らかになった。

図表４－４　森林の多面的機能を発揮されるために取り組んでいる森林施業等

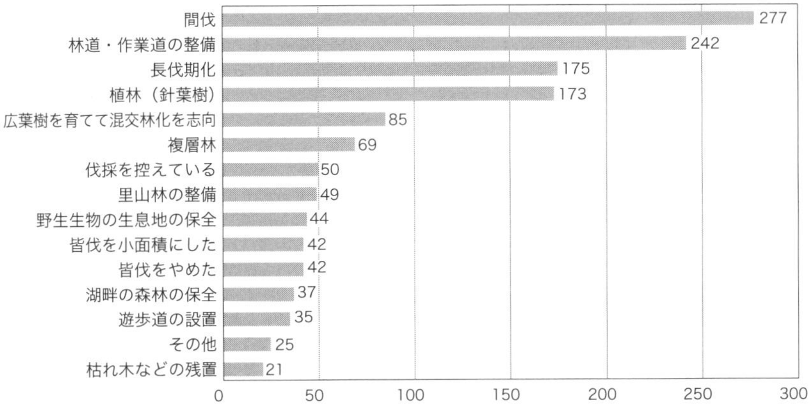

間伐 277
林道・作業道の整備 242
長伐期化 175
植林（針葉樹） 173
広葉樹を育てて混交林化を志向 85
複層林 69
伐採を控えている 50
里山林の整備 49
野生生物の生息地の保全 44
皆伐を小面積にした 42
皆伐をやめた 42
湖畔の森林の保全 37
遊歩道の設置 35
その他 25
枯れ木などの残置 21
0
50
100
150
200
250
300

（出典：1）2）3））

4）生態系サービスへの支払い（PES）

生態系サービスへの支払い（PES）については、災害防止、二酸化炭素の吸収、水源保全への支払いを実施している者は、すでに実施している：14%、いずれ実施したい：15%、興味がある：46%で、これらを合わせると全体の75%となった。実施している者は少ないが、多くの所有者が関心を示している。二酸化炭素吸収の事例としては、Jクレジット、フォレストック認定など、水源保全の事例としては、酒造会社への保有森林の流水の販売、飲料メーカーの水源地に位置する社有林と水源涵養保全のための協定などがある。しかしながら、カーボンオフセットによる収入は年間10万～100万円、水源保全による収入も例外的に200万円を超えるケースもあるが、多くの場合、数十万円程度にとどまっていることが多い。

また、生物多様性保全への支払いを実施している者は、実施している：10%、いずれ実施したい：10%、興味がある：43%、これを合わせると63%

であった。日本では生物多様性オフセットが導入されていないために取り組み事例は稀であるが、多くの所有者が関心を示している。事例としては、保護協定、イヌワシなどの生息環境を再生するプロジェクト、昆虫の生息地の創出などがあるが、これらは全て対価の受け取りなしに実施しているものであった。また、生物多様性保全よりはむしろ獣害対策に追われているのが現状だという意見が多く出された。

5）キノコなどの木材以外の森林産物ビジネス

　また、木材以外の森林産物ビジネスを実施している者の数は、実施している：32％、いずれ実施したい：11％、興味がある：34％、これらを合わせると77％であった。生薬原料、ヒノキ精油、クロモジ（アロマ）、マツタケ山入札など多岐多様にわたる取り組みがあり、また、大多数が関心を示している（**図表4－5**）。

　収入は、バイオマスエネルギー生産が年額10万円から200万円以上、キノコ栽培・風力発電が10〜20万円、アロマオイル、竹製品、薪、木製品などがそれぞれ10〜50万円であった。

図表4－5　木材以外の森林産物ビジネス

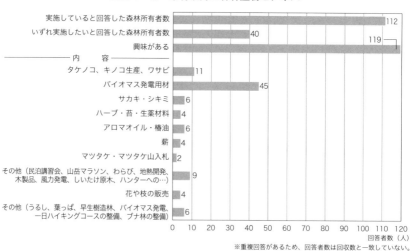

（出典：1) 2) 3)）

6）森林空間利用・森林サービス産業への期待

　森林空間利用・森林サービス産業への期待について尋ねた結果は、その可能性に大いに期待している：15%、期待している：44%であり、これらを合わせると59%であった。また、森林空間利用・森林サービス産業の取り組みを実施している：17%、いずれ実施したい：4%であった。観光・レクリエーション利用の事例としては、マウンテンバイクトレール、トレールランニング、アドベンチャーパーク、森林浴ロード、自然ガイド、コテージなどがある。教育の事例としては、森のようちえん、森林環境教育プログラムの実施、森づくり・自然観察会等、森の番人制度などがある。また、健康としては、犬と飼い主がくつろげる山林トレールの事業化、「健康の森林」としての一般市民や保育園児等への開放、森林セラピーなどがある（**図表4−6**）。

図表4−6　森林サービス産業の実施内容

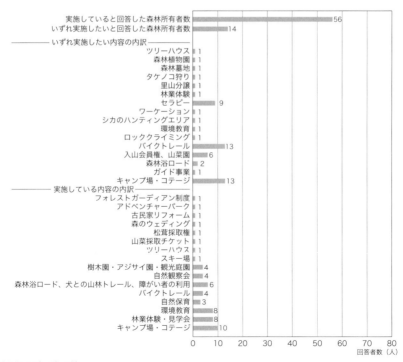

（出典：1) 2) 3)）

　なお、ほとんどの活動の収入は年間200万円以下である。ただし、杉林内にアジサイを植栽して入場料収入を得ている事例（写真）では、年間の訪問者が2万人を超えており、事業収入も年間2,000万円を超えている[6]。

山林経営の傍らアジサイの植栽を始め、1997年にオープンしたみちのくあじさい園　　　　　　　　　　　　　　　　　　　　　（出典：6））

7）レクリエーション利用者への開放の考え方

　一方、レクリエーション利用者等への開放についての考え方を尋ねた結果は、すでに開放している：16%、開放することは問題ない・対価も不要：15%、何らかの対価が払われ・事故時の責任が免除されるならば開放を検討：35%となり、これらの開放に積極的な者を合わせると66%であった。開放には、「積極的な開放」と意思に反して入れられる「やむを得ない開放」があり、開放している場合、自転車トレールツアーなどで対価を得ている事例もあるが、事故時の責任が問われるためにほとんどが無料で開放している実態となっている。

　開放しても良いヘクタール当たりの年間の支払い額を尋ねたところ、最も多かったのが1万〜5万円であった[4]。

3 今後の課題

　第1章3節で述べたとおり、生物多様性及び生態系サービスに関する政府間科学政策プラットフォーム（IPBES）の2019年の地球規模調査報告書によれば、自然および自然がもたらすもの（生態系サービス）は世界的に減少しており、協調的な社会変革を直ちに始めなければ持続可能な未来はないとしており、日本の環境省も地域循環共生圏という循環共生型の社会の構築を提唱している。心身の健康保持などのために、森とのつながりを求める都市住民はこれからも増え続けるであろう。森林サービス産業は、全国的に金太郎飴的なリゾートをつくり出すのではなく、農村の関係人口としての都市住民の増加などに対応した、地域の独自性を生かす環境共生型の持続可能な地域づくりにおいて、重要な役割を果たすべきであろう。

　日本の森林所有者を対象とした今回のアンケート調査結果によれば、大部分の森林所有者は自らの森林が提供している数多くの生態系サービスについての認識を持っており、一部の所有者はそれらの維持・増進のための施業にも積極的に取り組んでいることが分かった。また、森林サービス産業への期待は高く、所有林をレクリエーション利用などに供する意思を有する者も多いことが判明した。近年、県有林などをマウンテンバイカーに開放する動きもある。アメリカなどの事例も参考にしつつ、森とのつながりを求める人々の期待に適切に応えるとともに、かつ所有者にも便益があるようなウィンウィンで持続可能な仕組みづくりが早急に求められているのである。

第5章
生態系サービスビジネスとPESの国際動向

1　生態系サービスビジネスの展開可能性

　第3章6節で紹介したとおり、日本における木材生産セクターの経済規模は2,549億円（2017年）、木材産業セクターは2兆7,000億円であるが、医療福祉セクターは85兆円、観光旅行セクターは21兆円、娯楽セクターは22兆円、教育学習支援セクターは14兆円である。これらの巨大セクターの一部は森林の恩恵に基づいて成り立っているため、これらのセクターとの連携を図ることによって、森林セクターの底上げに役立つことが期待される。伝統的には、森の恵みで経済に結びつくものは、圧倒的に木材生産関連であるが、森の恵みの価値全体の経済的評価の試みによって見出された額から見れば、木材生産の価値はそのわずか数％に過ぎない。市場経済に結び付けることができていないその巨大な森の恵みの価値のうちのごく一部でも、森林セクターの持続可能経済に内部化することができれば、ブレークスルーを図ることができる可能性がある。その鍵を握るのは、「生態系サービス（Ecosystem Services, ES）」、あるいは、「自然の人々への貢献（Nature's Contribution to People, NCP）」と称される様々な森の恵みである。これらに着目することによって、新たなフロンティアを拓くことができる可能性があるのである。

　林野庁が定義する森林サービス産業では、森林空間を利用する教育・レクリエーション・観光・健康に関連する産業を中心に考えられていることから、生態系サービスの3分類では、主として文化的サービスに着目することになる。しかしながら、森を活用したエコ・DRR（災害被害低減）として温暖化防止や水源保全などの調整サービスに関連するビジネス、また、供給サービスのうちの圧倒的な位置を占めている木材生産以外の部

分、すなわち、伝統的な産品や革新的な様々な非木材森林産品（Non Wood Forest Products, NWFP）も含めた全ての恵み・価値を対象として着眼することが可能である。このため、本書では、レクリエーション・ツーリズム、健康、教育などに加えて、非木材森林産品（NWFP）や生態系サービスビジネスなども含めた広義の森林ビジネスの枠組みの再定義を試みた（第3章5節を参照）。

図表5－1　横軸・水平方向の多様な森の恵みに着目した生態系サービスビジネスの展開のイメージ

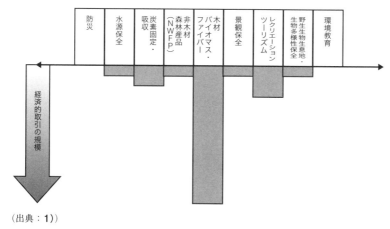

（出典：1））

　図表5－1は、伝統的に圧倒的であった木材を中心とした狭い部分を縦に深く掘るアプローチに対して、今日においては多様な環境的社会的価値・恵みに着眼して水平方向に広げるアプローチが重要となっていることを説明したものである[1]。後者のアプローチが生態系サービスビジネスであり、ある地域における多様な森の恵み・価値のフロンティアから、森林セクターの持続可能な経済に結び付けられる収入の束が複数見つかれば、環境貢献とあわせて地域のレジリエンス（強靭性）を同時に高めることが期待されるのである。

　第3章で述べたように、生態系サービスビジネスを含む広義の森林ビジネスには、多様な姿が考えられる。木材、景観、非木材森林産品、炭素、水、野生生物生息、レクリエーション・ツーリズム・環境教育など、管理活動によって特定のサービスの価値を高めることが実証できれば、支払いや市場販

売が可能になるのである。しかしながら、20世紀の教訓として、特定の生態系サービスの極大化を追求すると、持続可能でなくなるという点がある。木材に限らず、炭素吸収などの生態系サービスも然りである。地域の状況に応じて、ステークホルダーの参画のもと多様な生態系サービスをバランスよく実現するための取り組みが求められているのである。

2　生態系サービスビジネスとPESの国際動向について

1）生態系サービス市場などの位置づけと動き

　世界に目をやれば、炭素相殺などの生態系サービス市場、水源保全などの生態系サービスへの支払い（PES）、様々な非木材森林産品の開発などの取り組みが進められているが、木材市場と比較するとまだまだニッチな位置づけに過ぎない。少しデータが古いが、アメリカの森林関係のセクターの経済規模（年額）を比較してみると、木材販売が約28兆円と日本の100倍以上であるが、アウトドアレクリエーション消費額（用具と旅行を含む）は、さらにその倍以上の約64兆6,000億円（2012年）となっている。そして、世界で最も発達しているアメリカにおける環境市場（生態系サービス市場）を見ると、湿地小河川市場（2,200億ドル）、水源保全サービス市場（383億ドル）、生物多様性／野生生物生息地（200億ドル）、森林カーボン（5億800万ドル）などを合わせて、約2,800億円（2016年）であるが、これはアメリカの木材販売市場の1%に過ぎず、日本の木材生産セクターと同規模である（これらの環境市場には、湿地・小河川・草地などの森林以外も多く含まれている）。また、森林関連のPES（生態系サービスへの支払い）の推定年額は、約1,900億円となっており、その内訳は公的支払いが370億円、非政府による支払いが1,500億円、湿地小河川義務的支払いが727億円、狩猟リースの支払いが410億円、保全地役権が315億円、生物多様性／野生生物生息地への支払いが3億400万円、野生生物の観察のための入場料が3億300万円となっている[2]。
　また、森林炭素を含めた義務的な炭素市場が設けられているアメリカ・カ

リフォルニア州においては、健全な森づくりの市場化という新たなアプローチも開始されている。フォレスト・レジリエンスボンド（FRB）というグリーンボンドの一種を投資家に買ってもらい、研究機関、便益を受ける者、投資家、開発チーム、実行パートナー、コミュニティグループなど、多様なステークホルダーのコレクティブな協働によって、大規模火災リスクが高い国有林の間伐実施の加速的実施を図り、大規模火災による炭素排出の削減、水質の改善、水量の増加、地域のレジリエンスの強化など多くのサービスの向上が目指されている[3]。最初のプロジェクトとして、2018年からタホ湖地域でのユバプロジェクトが開始され、他地域においても同様な取り組みが開始されている。

2）世界の生態系サービスへの支払い（PES）の取り組みの現状

　PES（生態系サービスへの支払い）については、近年は柔軟で包括的な定義が一般的になりつつあり、例えばイギリスの環境食料農村省（DEFRA）によるPESの定義は、「自然のサービスの受益者や利用者が、それらのサービスの管理者や供給者に支払う、あるいは資金拠出を行うための様々な革新的なスキームのこと」としている。

　最近の調査結果によれば、保全地役権（Conservation Easement）や保護地域などを除いたPESの取り組みは世界で550以上のプログラムがあり、その金額は年額360〜420億ドル以上に上っている[4]。類型区分としては、利用者資金拠出型、政府資金拠出型、法令遵守型に分けられているが、実際にはハイブリッド型などもあるために単純ではない。PESのなかで最も一般的な取り組みが流域PESであり、2015年現在、62カ国において、387事例（利用者拠出：153、政府拠出：203、法令遵守：31）があり、247億ドルの支払いが行われているという。特に、南米では、2011年に南米水基金パートナーシップ（Latin America Water Funds Partnership）が組織されたこともあり、取り組みの増加が顕著である。**図表5-2**は、世界の流域PESのカテゴリー、定義、事例、市場サイズとプログラム数の近年の推移、実施国数を示したものである[4]。流域PESは、流域保全と水質の関係が比

較的分かりやすく、上流の土地所有者の同定と土地管理の改善取り組みに対する支払いを行う場合に、水企業や税金によって受益者から料金を徴収して供給者に支払う体制が構築しやすいなどの点が、生物多様性・生息地PESなどと比較すると格段に有利な点である。

図表5－2　世界の流域PESの現状

PESの仕組み・カテゴリー	定義	例	市場サイズ	プログラム	分布（国の数）
補助金による流域PES（政府資金）	公的資金が土地管理者の生態系サービスの増進や保全活動を報酬。資金拠出者は管理活動による直接便益はなし。	中国政府のSLCPは、急傾斜地での農業の取りやめに支払い。5,300万人の農民に対する水質改善や洪水制御への補償。	63億USドル（2009年）→237億USドル（2015年、うち129.8億USドルが中国）	17（2005年）→139（2015年、うち69が中国）	39
協働活動流域PES（利用者・政府資金）	複数の水利用者（民間企業、NGO、政府機関）からの資源を組織でプールし、上流の土地管理者の水質改善などに資する管理活動に対して支払い。	Quitoの水保全基金は毎月の水道代の1%の徴収と地域の電気企業とビール企業による流域の森林・草地の保全のための資金拠出に依拠。	4億200万USドル（2009年）→5億6,400万USドル（2015年）	16（2005年）→86（2015年）	22
二者間流域PES（利用者・政府資金）	単独の水利用者が、単独もしくは複数の者の水文的便益をもたらす活動や影響緩和活動に対して補償。	1990年代に、ニューヨーク市はCatskill/Delaware流域における土地利用改善により飲料水の品質の確保を図るための債権を発行（浄化装置設置よりもずっと低コスト）。	1,300万USドル（2009年）→9,300万USドル（2015年）	19（2005年）→111（2015年）	27
水流買い戻しInstream buybacks（利用者・政府資金）	水利用の権利を、歴史的な所有者から購入または付され、撤退することによって、水流が回復され水質改善や健全な生態的な流れを確保。	オーストラリアでは、バランス復旧プログラムが、30億ドル／10年間の拠出を約束し、Murray-Darling流域の流れを確保するために、農民から水の権利を購入。	2,500万USドル（2009年）→6,070万USドル（2015年）	15（2005年）→20（2015年、うち18はアメリカ）	3
水質取引とオフセットQuality trading and offsets（法令遵守）	水サービスの供給者が、土地利用者の水質を向上させる活動（養分、塩分、水温）に対して、クレジットと引き換えに支払いを行う法令遵守義務。	Hunter川塩分取引スキームにおいては、塩分を制御するために塩分クレジットを鉱山と発電所間で取引	830万USドル（2009年）→2,220万USドル（2015年）	10（2005年）→31（2015年、うち29がアメリカ）	3

（出典：4））

　一方、生物多様性・生息地PESは、その実施が最も困難であることから取り組みは限定的であり、世界36カ国において、120事例（利用者拠出：16、法令遵守：104）が把握されているに過ぎない。**図表5－3**は、世界の生物多様性・生息地PESのカテゴリー、定義、事例、市場サイズとプログラム数の近年の推移、実施国数を示したものである[4]。オフセットについては、生息地破壊の正当化であるとのNGOからの強い反対もある。法令遵守ミティゲーションの取引額は、年額25～84億ドルと推定されている。また、湿地などのミティゲーション・クレジットは主としてアメリカ、オーストラ

図表5－3　世界の生物多様性・生息地のPESの現状

PESの仕組み・カテゴリー	定義	例	市場サイズ	プログラム	分布（国の数）
湿地と小河川のミティゲーション（法令遵守）	湿地や小河川の埋め立ての補償として、開発者が政府によって認証され別の地に作られた同等の湿地や小河川のクレジットを購入。	アメリカ清浄水法では、湿地の開発許可は湿地バンクのミティゲーションクレジットの購入が要件。	13～22億USドル（2008年）→14～67億USドル（2016年）	5	1
法令遵守・生物多様性	生物多様性への影響を緩和させるための規制要件を遵守するため、開発者はオフセットとして特定の生息地のクレジットの購入、または、オフセット基金のための生物多様性クレジットを購入。	New South Wales州で2007年から、開発による生息地への影響をオフセットするため、生物多様性オフセット・バンキング（BioBanking）スキームを開始。開発者は、管理牧畜、侵入種の除去、生息地コリドーの創設などの保全活動のクレジットを購入。	50億USドル（2008年）→11～17億USドル（2016年）	99	33
自主的な生物多様性オフセット（政府資金）	開発者は、プロジェクトの影響を緩和するため、種の構造、生息地の構成、生態系の機能、生物多様性に関連する人々の利用と文化的価値に関連する生物多様性がノーネットロス、あるいはより望ましいのはネットゲインとなるような計測可能な保全アウトカムを選択。	マレーシアのサバのMalua BioBankは世界で最も高密度のオランウータン生息地。サバ州政府は、民間企業と34,000ヘクタールの熱帯雨林の修復保全に投資。BioBankは生物多様性保全証明を販売。各証明は100㎡、50年以上の森林修復保全を証明。	2,000万USドル（2008年）→1,050万USドル（2016年）	16のプロジェクトサイト	11

（出典：4））

リア、カナダ、ドイツなどの先進国において実施されており、取引額は年額36億ドルと推定されている。一方、企業のCSR活動の一環などとしての自主的なオフセットとしては、16事例が把握されている。

また、森林・土地利用カーボンPESは、48事例（政府拠出：31、法令遵守：17）が把握されている。**図表5-4**は、世界の森林・土地利用カーボンPESのカテゴリー、定義、事例、市場サイズとプログラム数の近年の推移、実施国数を示したものである[4]。自主的な森林・土地利用カーボンについて

図表5-4 世界の森林・土地利用カーボンPESの現状

PESの仕組み・カテゴリー	定義	例	市場サイズ	プログラム	分布(国の数)
自主的な森林・土地利用カーボンクレジット（利用者資金）	購入者が政府の規制外のオフセットを自主的に購入。規制を予測しての法令遵守前の需要。	Microsoft、Disney、Natura Cosméticosなどの民間企業が、CSR目的のために、自主的に森林カーボンオフセットを購入。	4,600万USドル(2009年)→7,420万USドル(2016年)	n/a	67
法令遵守森林カーボンマーケット	温室効果ガスの排出規制、典型的にはキャップアンドトレードを通じて、森林カーボン捕捉または森林減少防止によって排出をオフセット。	カリフォルニア州のキャップアンドトレードプログラムは、2013年に開始。アメリカの林業をオフセットプロトコールとして含む。	500万USドル(2009年)→5億5,140万USドル(2016年)	4(2009年)→17(2016年)	8
REDD＋準備資金（政府資金）	UNFCCによるメカニズムとして、熱帯林を有する開発途上国が森林を維持し、カーボンストックを保持する活動を行うことに対して対価を受ける仕組み。	世界銀行のForest Carbon Partnership Facility Readiness Fundが、REDD＋の支払いを受ける国々に対して、国家REDD＋戦略の策定、モニタリング·報告·検証システム、参照レベルの開発などの活動を支援。	32億USドル(2009年)→81億USドル(2014年)	28(2014年)	28(2014年)
公的機関による成果支払い（政府資金）	成果が得られた場合、先進国が開発途上国に対してREDD＋の支払い。	ノルウェーは10億USドルをブラジルの森林減少率の低減のためのブラジルアマゾン基金を約束。ブラジルは2004年以降80%以上森林減少を減少させたため、ほとんどの金額を支払い済み。	29億USドルが約束額、2億1,800万ドルが拠出済み(2014年)	3つの拠出済み基金(2014年)	3つの拠出済み基金、23はペンディング(2014年)

（出典：4））

は、民間企業や慈善団体による需要が主であり、供給が需要を大きく上回る状況がずっと続いていたが、2021年になって変化の兆しが出てきた。

3）野外レクリエーションに依存するアメリカのサービスや体験型の産業

　一方、自然や野生生物に根ざした経済活動が、1990年代以降、世界的に伸びてきている。アメリカでは、2010年に農務省森林局が公表した「持続可能なレクリエーションのためのフレームワーク」において、「森林から得られる最大のサービスは肉体と精神を刷新すること」とされ、野外レクリエーションの健康維持の面が強調されている（第2編第1章2節を参照）。都市化と技術発展に伴って、人々と自然的文化的な伝統物との関係が希薄化してきているなかで、野外レクリエーションは自然資源や公有地を理解する扉（入り口）として位置づけられている。そして、木材伐採の減少などで多くのコミュニティの経済的基盤が変化するなかで、サービスや体験型の産業が野外レクリエーションに依存してきている。例えば、2013年以降、アメリカの12以上の州がアウトドアレクリエーション室を設置し、自然ツーリズムによる経済と持続可能なレクリエーションを推進してきている。また、アウトドアレクリエーション、ツーリズム、地域経済、資源保全についての投資とマーケティングについてのセクターを越えた連携が進められてきている。国家森林トレールシステム管理法（2016年）も定められ、森林局による「持続可能なトレールシステム国家戦略（2016年）」では、事業者、NPO、国民との公民パートナーシップ（PPP）による協働管理（Shared Stewardship）が進められている。

　また、持続可能なレクリエーション利用のための私有林の活用が各州で推進されており、北西部太平洋地域では、民間企業もレクリエーション利用のためのアクセス許容を進めている。例えば、2013年から開始されたウェアハウザー社のレクリエーション・アクセス・パイロットプログラムでは、18か所においてベリーとキノコの非商業的利用のための車両によるアクセス（モーターサイクルやオフローダーは除外）が可能となる年間許可券（225

〜395ドル）を販売しており、2016年からはキャンプと薪炭採取も利用目的に追加された。このほか、自転車、散歩、乗馬など車によらないアクセスのための年間許可券（75ドル）も販売している。収穫作業等を優先することが許可ルールであるが、これらの使用料収入によって区域の見回り、ゲートや鍵の保守を実施することとしている。同社はまた、オレゴン、ワシントン州の250か所において、主として狩猟を対象としたリースプログラムを実施しており、2019年からは新たにバイククラブも対象とされた。ちなみに、アメリカの南部州ではマウンテンバイクや散歩は人気がないため、主として狩猟目的のリースが行われているという。同様に、ハンコック自然資源グループも、オレゴン州魚野生生物局のアクセス生息地助成金（3年間で19万ドル）を受けて、狩猟リースを実施している。

4）野生生物関連のネイチャーツーリズムの台頭

　野生生物関連のネイチャーツーリズムの中心である野生生物ウォッチングは、レクリエーション利用のうちで近年、最も増加しているカテゴリーである[5]。コロナ禍以前の話であるが、アメリカでは、16歳以上の人口の40%近くに当たる9,000万人が野生生物関連レクリエーションを行い、野生生物に関連する商品・サービスの額は、GDPの1%に当たる1,450億ドルに上る（2011年調査）。そのなかで最も人気のあるのが、野生生物ウォッチング（550億ドル、7,200万人）であり、次いでスポーツフィッシング（420億ドル、3,300万人）、狩猟（340億ドル、1,400万人）となっており、野生生物ウォッチングは、すでに伝統的な狩猟や釣りを凌駕している。

　ツーリズム産業の成長は、生物多様性ホットスポットとなっている発展途上国において特に著しく、多くの地域で1990年から2000年の間に倍増している。東アフリカ地域においては野生生物ウォッチングがツーリズムの収入の太宗を占めている。例えば、サファリが主要な魅力となっている南アフリカ共和国では、ツーリズムがGDPの7.7%を占めており、ブラジルではウミガメツアーによって地域住民の社会経済的向上と保全の両立に成功しているとされる事例がある。また、ルワンダ、コンゴ、ウガンダでのマウンテンゴ

リラ見物を行うために外国の旅行者が支払う許可券購入費用は、400〜750ドルに上るという。

　このように、カリスマ的な野生生物関連のネイチャーツーリズムによる経済的便益は、すでに現実化している。ヨーロッパの状況を見ると、釣りは250億ユーロ／年、2,500万人、狩猟は160億ユーロ／年、700万人であるが、近年野生生物ウォッチングの人気が急増しているのである（ヨーロッパの状況については第2編第2章3節を参照）。

5）木材以外の生態系サービスによるビジネスモデルの開拓

　森林の多様な生態系サービスのうち、木材以外は公共財が多いため森林所有者の収入につなげることが難しい部分であるが、そこをブレークスルーして、新たな収入の流れを作り出すための挑戦が行われている。

　例えば、森林の生態系サービスについての斬新な政策と新たなビジネスモデルを開発する目的で、2018年からヨーロッパ森林研究所（European Forest Institute, EFI）を中心に実施されているシンシア（SINCERE）[注4]というプロジェクトがある。現在までに取り組まれたケーススタディとしては、リバースオークション（競り下げ方式の入札）による生物多様性の保全（ベルギー、デンマーク）、生態系サービス（水源保全と景観）の価格化の法定化（スペイン）、景観・レクリエーション価値取引（フィンランド）、多目的な森林利用契約（ロシア）、水のための森についての生態系サービスへの支払い（スペイン）、水源保全サービスへの支払い（ペルー）、スピリチュアルな森（森林墓地）と森のようちえん（スイス）、都市郊外の保護林の健康のための利用と生態系サービスへの支払い（クロアチア）、森林生息地・生物多様性の支払いスキーム（イタリア）、キノコチケット収入による持続可能な森林管理（イタリア）などがある[6]。

　フィンランドで取り組まれている景観・レクリエーション価値取引は、レクリエーション利用の価値に支払いを行うものである。自由アクセスの国、

注4）32頁および第3編第2章（176頁〜）を参照。

フィンランドでは、私有の経営林も国民のレクリエーション利用にとって重要であるが、私有林は通常は60～70年サイクルの短伐期林業で、レクリエーション利用にとっては不都合である。森林法の規制は、景観とレクリエーションの価値増進は考慮外で、そのためのインセイティブはないのが現状のため、木材生産とツーリズムを統合して私有林の所有者が、自主的に景観とレクリエーション価値の向上を図る場合に、補償を行う仕組みとして考案された。私有林所有者を対象とした調査結果によれば、43％が参加意志があり、平均受入補償額は330ユーロとなっている[7]。

　2021年3月には、シンシア主催でビジネス面のブレークスルーをテーマにオンラインワークショップが行われた。また、パドバ大学のスピンオフ企業であるETIFORは、「自然に価値を」を合言葉に、様々な生態系サービスビジネスの追求を行っている。2021年11月には、上智大学学術研究特別推進費重点領域研究「森林環境の生態系サービスの実現のための革新的手法と戦略についての研究：持続可能な地域づくりをめざして（イノフェスプロジェクト）」とシンシア（SINCERE）プロジェクト、ヨーロッパ森林研究所（EFI）などの共催で、ヨーロッパと日本を結ぶ「文化的森林生態サービスの重要性を国際的な視点で探る――新しい森林関連のビジネスチャンスに向けて？」と題するオンラインシンポジウムが開催され、シンシア（SINCERE）プロジェクトの最新の取り組み状況についても報告が行われた。

第2編

人々の健康とレクリエーションのために森を活かす

Sustainable Development Goals

世界的に農村型社会から都市型社会への変貌が急速に進み、大多数の人々が都会に住むようになった現代社会においては、森林などの自然環境とふれあうことが人々の肉体的・精神的な健康を維持するために重要であることについての認識が高まってきている。実際、2020年以降のコロナ禍では、世界各地で国立公園や森林公園などの屋外を訪れる人が増加した。

　本編では、人々の健康とレクリエーションのために森を活かすための世界の取り組みについて、欧米を中心に実態を見る。

第1章
アメリカ編

1　野外レクリエーション利用と歴史的経緯[1]

1)「レクリエーション・フォレスター」と自然体験の重要性[2]

　フォレスターとは、森林・林業の専門家や林業を職業とする人々のことを指すことを先に述べた。伝統的には、フォレスターの中核的な領域は、木材の生産とその関連分野である。このため、アウトドアレクリエーションの長い伝統があるアメリカにおいても、近年までレクリエーションを専門とするフォレスターは少々変人扱いされてきた。1935年にフレッド・アーノルド（Fred Arnold）は、レクリエーションの森のことを「商品生産用の森林（commodity forest)」と区別して「自然の森林（natural forest)」と呼び、「レクリエーション・フォレスター」が「商品生産フォレスター」と同等の扱いをされるべきことを訴えた。しかしながら、その後もフォレスターはレクリエーション政策や法制定にしばしば反対を唱えてきており、このことがアメリカフォレスターズ協会内部で止まない「会員の専門分野を広げるべきか、それとも木材生産に限定すべきか」の議論の背景にある。

　しかるに、森林利用におけるアウトドアレクリエーションの位置づけは確実に高まっている。2002年のアメリカ南部地域の森林資源アセスメントでは、人口増加と多様化、土地開発の進展、レクリエーション需要の増加、価値意識の変化、さらには、商業的・人間中心的なアプローチから、より広範かつ生態中心的な森林管理へのアプローチへの変化を指摘していたが、近年ではアウトドアレクリエーションが、国民の健康と安全に貢献するための重要な手段として捉えられるようになってきた。

　筆者が以前、ゼミ合宿として自然豊かな山里に学生達を連れて行った際、都会育ちの学生や外国人留学生は、見たことのないゲンジボタルの乱舞やブ

ナ・トチノキ・ミズナラなどの巨樹の森、そして青く澄みわたった清流に魅せられ、普段見られないような笑顔を見せてくれた。あらゆる人工物に囲まれ制御されて社会生活が営まれている今日の大都市に住む子ども達の健全な情操を育み、また、大人達の心身の健全性を保持するためにも、自然とのふれあいが重要であることを再認識させられた。自然環境のなかでの活動は、室内遊戯などでは得ることができない新鮮な発見や驚き・感動に満ちており、これらはエコツーリズムなどの持続可能な地域振興策のプログラムの一環として取り入れることができる。

　都市への人口集中は世界的な傾向であり、アメリカではすでに総人口の実に80%が都市に住んでいるという。レクリエーション利用の多様化と利用圧の高まりに対処するため、農務省森林局は早くからレクリエーションのゾーニング制度などの導入を進めてきたが、近年、人々の健全なライフスタイルにレクリエーション活動を組み込むための「持続可能なレクリエーション（Sustainable Recreation）」政策を推進してきている。自然飢饉[3]に瀕する都市住民等に対する秩序あるレクリエーションの機会の提供は、現代のフォレスターの重要な使命の一つとなり、「レクリエーション・フォレスター」の果たす役割が大きく期待される時代になったのである。

2)「レクリエーション」と「ツーリズム」の違い

　「レクリエーション」という単語はもともとラテン語の "*recreation*" が元で、「復元」とか「回復」という意味で、「エネルギーと精神的な注意力の回復、機能の復元」、「完全な精神、気力、肉体の復元」を指す。したがって、ストレスのような完全性を損なわせるような活動の存在が前提にある。野外レクリエーションと言う場合、通常、野外（アウトドア）の "原野（wildland)" でその箇所の自然環境資源に依存して行われるレクリエーションのことを指すため、野外レクリエーションでは、行われる箇所の環境が人工的な環境で行われるレクリエーションよりも重要になる。

　では、野外レクリエーションとエコツーリズムはどう違うのだろうか？例えば、Aさんは、ウサギ狩りをするために、ビーグル犬とともに200マイ

ル離れた郊外の農園までピックアップトラックを運転し、車のなかで一夜を過ごして家から持ってきた食物を食べたとする。また、BさんとCさんはカップルで、週末に車を4時間運転して最寄りの原生自然地域まで行ってバックパッキングをしたとする。さらに、DさんはEさんと一緒にヘラジカ狩りをするために郊外の狩猟宿に行って、ガイド料と宿泊代を支払ったとする。これらの人達はどちらになるだろうか？　一つの考え方としては、野外レクリエーションを行う時に、その人がどの程度第三者のサービスに頼らずに自力でやるかによって区分する。つまり、第三者のサービスに頼る場合はエコツーリズムになる。この考え方に立てば、DさんとEさんはお金を支払っているからエコツーリズムで、他の人達は野外レクリエーションとなる。両者は重なる部分も多いが、近年は、自力で行う人が減ってきており、自然体験型のレクリエーショニストの多くがサービスに対して支払う顧客、つまりエコツーリストになっているという見方がある。

3）野外レクリエーション利用の歴史的趨勢

　グランドキャニオンの雄大な大自然でラフティングをした人の数が**図表1－1**のように記録されている。それによれば、1867年が1人で、最初の記録とされる。これは有名なジョン・ウェズリー・パウエル（John Wesley Powell）の航行とされているが、その2年前にインディアンから逃げるために狩猟者のジェムズ・ホワイト（James White）という人がいかだで航行したという説もある。これを見ると、1950年代前半頃までは一部の冒険者に限定されていたと想像されるが、1960年代に急増して1972年には16,432人にもなった。

グランドキャニオンのコロラド川
（アリゾナ州・アメリカ、1986年撮影）

図表1-1 グランドキャニオン（コロラド川）のいかだによる旅行者数の推移

西暦（年）	人数	西暦（年）	人数
1867	1	1957	135
1869～1940	41	1958	80
1941	4	1959	120
1942	8	1960	205
1943	0	1961	255
1944	0	1962	372
1945	0	1963～1964	44
1946	0	1965	547
1947	4	1966	1,067
1948	6	1967	2,099
1949	12	1968	3,609
1950	7	1969	6,019
1951	29	1970	9,935
1952	19	1971	10,385
1953	31	1972	16,432
1954	21	1973	15,219
1955	70	1974	14,253
1956	55		

（出典：4））

　その後、レクリエーショニストの増加によって生態的な影響が深刻となり、割当制度が導入されたため、訪問者数は少し減少した。許可証を申し込む人の数が急増して、1980年代の終わりごろには許可証を得るために10年間待つこともあるような状態となった。

　また、**図表1-2**は、1920年代～1980年代までの国有林と国立公園への年間訪問者数の推移を示している。この60年足らずの間にアメリカの総人口は1億600万人から2億2,000万人余りへと倍増したが、レクリエーションの訪問者数は戦時中を除いて一貫して増加し、50～200倍にもなった。これと対照的なのが**図表1-3**に示されている一人当たりの木材消費量である。1975年の時点で1900年時点の半分以下の水準に減少している。

図表1-2 アメリカにおける国有林および国立公園への年間訪問者数の推移

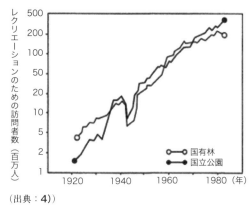

（出典：4））

図表1-3 アメリカにおける一人当たりの年間木材消費量の推移

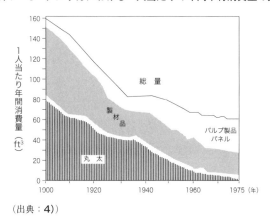

（出典：4））

4）近年の野外レクリエーション利用の趨勢とビジネス

　1990年代以降はどうか。2013年に森林局が公表したデータによれば2008～2012年までの期間のレクリエーション利用者数は1億6,000万人で、このほかにハイウェイをドライブして景観を楽しむ人々が3億人いると推定されるので、これらを合わせて4億6,000万人ほどとなる[5]。**図表1-2**で1982年のデータが約2億人となっており、この30年間でさらに倍増したことになる。また、国有林と国立公園のウィルダネス（原生自然）の訪問数の推移を見ると、国有林の訪問者数は1965年の約300万人から1994年には約1,400万人と4.5倍

となり、国立公園の訪問者数も1983年まで100万人未満であったのが、1994年には200万人を超えている[5]。国立原生自然保全地域（National Wilderness Preservation System）の面積は、1964年に54か所、900万エーカーであったのが、2000年には643か所、1億600万エーカーと10倍以上に増加したが、多くの地域で従来よりも集約的な利用がされるようになっているという。

　レクリエーション利用の主要なフィールドとなっている国公有地は、連邦政府関係としては内務省国立公園局の所管する国立公園、内務省魚野生生物局の所管する国立野生生物保護区、農務省森林局の所管する国有林、内務省土地管理局の所管する国有林、陸軍工兵隊の所管する貯水池やダムなどがある。これらの省庁ごとの2009年の訪問者数は多い順に、陸軍工兵隊 3億7千万人、国立公園局 2億8,600万人、森林局 1億7,400万人、土地管理局 5,700万人、魚野生生物局 4,300万人となっており、1996年から2009年までのレクリエーション利用者数の推移を見ると、魚野生生物局がこの15年間で増加傾向にある以外は、他の部局は横ばいないしは、微減となっている[6]。野外レクリエーションは、連邦有地のほか、自宅周辺、開発されていない林地や小川、都市公園、空き地、州有地（州立公園など）、市町村の管理地など様々な空間で行われている。州立公園への訪問者数は全ての連邦有地の訪問者数の8割強、国立公園への訪問者数の約3倍となっている[7]。

　アメリカにおいては野外レクリエーションが近年ビジネスとして大きな位置を占めるに至っている。アウトドア産業協会によれば、年間の野外レクリエーション関連消費額は6,460億ドルとなっており、この額は金融保険関係の7,800億ドル、ヘルスケア関係の7,670億ドルには及ばないものの、ガソリン等の燃料関係の3,540億ドル、自動車・部品関係の3,400億ドル、薬品関係の3,310億ドルをはるかに凌駕するものである[8]。用具類と旅行関連費用とを合わせた野外レクリエーション活動参加者の消費額の内訳を見ると、自転車 813億ドル、キャンプ 1,434億ドル、魚釣り 354億ドル、狩猟 232億ドル、モーターサイクリング 425億ドル、オフロード車両 665億ドル、雪上スポーツ 530億ドル、トレールスポーツ 806億ドル、水上スポーツ 862億ドル、野生生物の観察 333億ドルとなっている。また、野外レクリエーション関係

の雇用総数は610万人となっており、金融保険関係の580万人、建設関係の550万人、輸送・倉庫の430万人、教育の350万人、情報の250万人、石油・ガスの210万人、不動産の200万人を超える水準となっている。野外レクリエーション関係の雇用の内訳を見ると、自転車77万人、キャンプ136万人、魚釣り31万人、狩猟20万人、モーターサイクリング41万人、オフロード車両68万人、雪上スポーツ50万人、トレールスポーツ77万人、水上スポーツ80万人、野生生物の観察29万人となっている[8]。さらに、誘発効果も入れると野外レクリエーションが誘発する消費額は10兆6,156億ドル、雇用数は1,204万人にもなるとされている。野外レクリエーション関連の税収も、連邦税収が399億ドル、州等の地方税も397億ドルに達している[8]。

　また、野生生物関連の野外レクリエーションに限って見た場合、魚野生生物局のレポートによれば、アメリカ人の38%が魚釣り、狩猟、バードウォッチング、その他の野生生物関連のレクリエーションを行っており、道具類、旅行、ライセンスなどの関連用具やサービスにアメリカのGNPの1%相当額である1,450億ドルを費やしたという。16歳以上の3,300万人以上の人々が魚釣りをし、道具類、旅行、ライセンスなどに418億ドル、一人当たりにして1,262ドルを費やし、また、16歳以上の1,370万人の人々が狩猟をし、同様に340億ドル、一人当たりにして2,484ドルを費やし、さらに、7,200万人の人々が野生生物を見る活動をし、一人当たり55ドルを費やしたことになる[8]。

2　野外レクリエーション利用の課題[9]

1）持続可能なレクリエーションのためのフレームワーク

　本節では、アメリカ農務省森林局国有林の近年の野外レクリエーション関連の政策を見てみよう。2021年夏にもカリフォルニア州でワースト2の規模のディクシィー火災（Dixie Fire）が起こるなど、近年のアメリカの山林原野をめぐる最大の問題は山火事であり、2015年度には山火事予算が森林局の予算の50%以上を占めるに至るという異常事態に陥っている。この山火事の問題のほか、アメリカの森林の4大問題として挙げられているのが、外

来種の侵入、森林の断片化の問題であり、4番目に挙げられるのが無秩序な
レクリエーション利用である。

　この問題を解決するために、2010年に森林局では「持続可能なレクリエー
ションのためのフレームワーク」を定めた。本枠組みの正式名称は、「アメ
リカの偉大なアウトドアに人々を結びつける：持続可能なレクリエーショ
ンのためのフレームワーク」と称され、「肉体と精神を刷新させよう。土地
への熱情を呼び覚まそう」という副題が付けられている。この副題は、最初
のレクリエーションの専門家として1919年に森林局に雇用された景観専門
家であるオーサー・カルハート（Arthur Carhart）の言葉を引用している。
カルハートは原生自然（Wilderness）の考え方の確立に貢献し、コロラド州
のプエブロ（Pueblo）市において最初のレクリエーションの施設の整備を
行ったことで知られているが、当時、「森林から得られる最大のサービスは
肉体と精神を刷新することである」と述べるなど、森林自然環境がレクリエー
ションの利用を通じて人々の健康に役立つことに早くから気が付いていた。

　本フレームワークの内容の要点を見てみよう。まず、野外レクリエーショ
ンの意義について以下のように述べられている。「野外レクリエーションは
単に面白いというだけではない。肉体的な冒険、生涯の技量の開発、関心と
興味の誘起、自然界の驚きと尊敬を呼びおこす。そして、個人の肉体面、精
神面の健康、友人や家族とのつながり、伝統についてのプライド、地域や
国家への経済的便益の提供などに大きく貢献する。野外レクリエーション
はアメリカ文化の不可欠な部分である。」また、健全なアウトドアライフス
タイルの特徴として、多様な空間・場所における「規則に縛られない遊び
（Unstructured play）」の重要性が述べられている[10]。

　森林局の使命は、「現在および将来世代の要請に応えられるように国有林・
草地の健全性、多様性、生産性を持続させる」ことであり、本フレームワー
クの使命とビジョンのための指導原則として以下の6項目が掲げられている。

　①　人々を自然的文化的伝統物に結びつけること（レクリエーションは自
　　　然資源や公有地を理解する扉（入り口）という位置づけ）
　②　レクリエーションが健全なライフスタイルを促進させること

③ 全てのプログラムの決定に持続可能性が考慮されること

④ コミュニティの関与が不可欠であること

⑤ 国有林・草地は大きな景観の一部であること

⑥ レクリエーションプログラムは森林局全体の大きな使命のうちの一部であること

また、目標として、レクリエーションの機会の提供、自然環境資源等の保全、野外レクリエーションの提供者との連携、決定等の実行が掲げられている。一方、焦点を当てる10の分野として、①レクリエーションの設定環境の回復と順応、②グリーンな事業の実施、③コミュニティの発展、④特別な箇所への投資、⑤戦略的なパートナーシップの醸成、⑥市民による管理の推進、⑦訪問者、コミュニティのステークホルダー、他のレクリエーションの提供者を知ること、⑧正しい情報の提供、⑨持続可能な資金源の確保、⑩ワークフォースの発展が掲げられている[10]。

また、アメリカ人にとって野外レクリエーションが必要な理由として以下の4点が挙げられている[10]。

① 健康面：アメリカでは医療費用に2兆ドルを費やす危機的な状況にある。肥満や運動不足が糖尿病、循環器疾患、癌等の重大な危険要素となっている。運動は健康な生活の一部であり、野外レクリエーションは病気の予防のための自然な解決策であり、健康のための既存の施設であると考えられる。

② 経済面：多くのコミュニティの経済的基盤が変化してきており、サービスや体験型の産業が野外レクリエーションに依存するようになってきている。

③ 需給逼迫：人口増加と土地開発の進展が減少し断片化する土地に対して、人々がこれまで以上の環境サービスを要求するようになってきている一方で、自然景観や歴史的なサイトについて身近に感じ、敬虔な気持ちを持つことが年々減ってきている。

④ 関係の希薄化：進展する都市化と技術発展に伴い、子どもを含む人々の公共的な土地から恩恵を受けていることに気が付かなくなっており、

多くの自然および文化的伝統物である歴史的サイトや景観を体験することで場所の感覚や国民のアイデンティティが強化される。

2) 野外レクリエーション利用についての課題

さらに、高品質なレクリエーション利用を提供するための課題として、以下の5点が指摘されている[10]。

① 都市化による需要の変化：人口分布やライフスタイルの変化によって国有林野に対するレクリエーション需要が大きく変化した。人口全体の80%が都市に住んでいる現代のアメリカは、かつてない都市化社会となった。

② 新コミュニティの利用圧力：退職者のコミュニティや人口移動によって多くの国有地の近くに人口集中が起こっている（景観の良い所に移住するこれらの人々はアメニティ・マイグラント（Amenity Migrant）と呼ばれる）。この結果、多くの森林が地域や市町村の公園として使われることによって、訪問者のための施設、サービス、そして自然環境に負荷をかける結果となっている。

③ 要補修施設等の累積的増加：補修が追い付かないレクリエーション施設、トレール、道路などが雪だるま式に増加してきている。例えば、2013年のアメリカ会計検査院レポートは、森林局の所管する158,000マイルのトレールのうち、年間維持補修が行われているのはそのうちの3分の1程度に過ぎず、適切な管理が行われていないトレールが水質の悪化を招き、魚類の生息に悪影響を及ぼしている事例を指摘している[11]。

④ 無秩序なレクリエーション利用による被害：無秩序なレクリエーション利用がレクリエーションの環境を劣化させ、伝統的なサイトにダメージを与え、資源に対する容認することができない影響を与え、利用者間の紛争を招いている。異なるレクリエーション活動間の競合は以前から問題になっている。例えば、オフローダーとバードウォッチャーなどの競合である。最近の事例として、国有林がチェッカーボード状に分布し、周辺の宅地開発が進んでいるコロラド州北部にあるアラパホ・ルーズベルト（Arapaho Roosevelt）国有林では、ハイカーや居住者のハンター

に対する苦情が増加しているため、ハンターとハイカーなど他のレクリエーショニストとの調整が問題になっており、狩猟が許される区域と狩猟を禁ずる区域のゾーニングを図る計画案を策定して国民の意見を聞いている。ちなみに、日本でも近年トレールランナーやオフロードバイクが増加しており、ハイカーなどとの調整の必要な場面が増えている。

⑤　資金不足と利用料等の限界：伝統的な資金では増加する需要に応えるには不足である一方、サービスを行うための利用者からの費用の徴収や民間セクターの参画には一部で異論がある。このため、利用料の徴収はどこでもやっているわけではない。許可券（Permit）は、日帰り利用の他に年間パスなど様々な種類があって、ウェブ購入も可能である。近年はマツタケの採取も人気が出てきており、ウェブサイトにはマツタケ採取には許可券の購入が必要なことや採取方法の注意事項も掲載されている。

ユタ州ソルトレークシティ郊外ストームマウンテン付近。利用料は8人までのグループの場合日帰り利用が一人8ドル、9人以上のグループの場合は一人2ドル。
（2014年10月撮影）

同上。湖畔の周囲にはトレールが整備されている。
（2014年撮影）

日本・知床五湖の高架歩道。こちらは無料で散策できるが、五湖の方に行くためにはガイドつきツアーを買わないといけない仕組みになっている。 　（2015年9月撮影）

3）持続可能な野外レクリエーション利用を推進するための仕組み

　持続可能な野外レクリエーション利用を推進するために森林局は1980年代以降、景観管理システム、レクリエーション・オポチュニティ・スペクトラム（ROS）と称されるレクリエーションのゾーニングにより紛争を防ぐ仕組み、景観バイウェーシステム、許容変化管理システム（LAC）など様々な先駆的な制度を導入してきた。ROSは、管理行為や施設整備の程度に基づいて、最も原始的な環境の「原始型」から、「準原始・非動力型」、「準原始・動力型」、「道路整備・自然型」、「山村型」、著しく都市化された環境の「都市型」までの6段階に区分されている。例えば、「原始型」の区域ではカヌーは許容されているが、狩猟やモーターボートは禁止されている[12]。

　また、ウィルダネス（原生自然）におけるレクリエーション利用の増大に対処するため、1980年代に"許容変化限界（LAC）"という従来の"環境収容力（キャリーイングキャパシティ）"の考え方を見直した計画手法の枠組みが考え出された[12]。この他にも以下のような対策がとられてきている。

・トレールや道路などの構造物の管理のための"インフラ（Infra）"と称されるデータベースの整備
・「健康と清潔さ」、「資源の状況」、「安全」、「応答性」、「施設の状態」など開発型レクリエーションサイトの管理に当たっての鍵となる手段を定めた"ミーニングフル・メジャーズ・スタンダーズ（Meaningful Measures Standards）"と称される運営基準
・レクリエーション利用状況についての"モニタリングシステム"

・レクリエーション利用環境を向上させ、無秩序なレクリエーション利用の脅威に対応するための地域ごとの詳細なガイドブックの発行（"Built Environment Image Guide"、2001年）
・国民の意見を取り入れて箇所ごとの特性に応じた満足度の高いレクリエーションの機会の提供や財政的な持続可能性の確保を図るための"レクリエーション施設の分析"（Recreation Facility Analysis）の実施（2004年以降）
・オフロード車両の立ち入り可能ルートと区域を定めた旅行管理規則（Travel Management Rule）の公示（2005年最終改訂）
・野外レクリエーションとトレールの規格などを定めた"アクセサビリティガイドライン"（2013年改訂）の整備

なお、森林局の火災予算の急増に伴い、他の経費は縮減されてきており、レクリエーション予算も例外ではない。例えば、レクリエーションの機会の増進、アクセスの促進、インフラ整備は、森林局の5大プライオリティとされているにもかかわらず、レクリエーション、ウィルダネス（原生自然）関連の予算は、2001年から2015年の間に15%減少し、常勤職員数も2002年以降30%減少している。

3　近年の野外レクリエーション利用の動向[13]

1）野外レクリエーション利用の状況

アメリカにおいては、資源計画法（Resource Planning Act, RPA, 1976年）に基づき、1980年代以降、木材のほか、水、野生生物（生物多様性）、野外レクリエーション活動[注1]などを含む多くの天然資源産物・サービスを資源と見なして、資源利用の状況と傾向について定期的な分析と予測が行われてきている。この一環として、2010年のRPAアセスメントでは、過去（1982年以降）と現在（2009年まで）の国公有地・私有地における野外レクリエーション活動の傾向分析と2060年時点における将来予測が行われた。2010年

注1）野外レクリエーション活動としては、60種類もの多岐の活動が含まれ、そのうちの50種類が自然体験型のレクリエーションとされている。

RPAアセスメントにおける野外レクリエーション活動のデータに基づいて、個別の野外レクリエーション利用について2005〜2009年において参加率（および訪問日数）が高い順に見ると、楽しみのための散策85%、家族や友人との集まり74%、楽しみのための庭や景観づくり67.1%、自然景観を見る63.7%、ネイチャーセンター・動物園の訪問56.6%、観光52.7%、ピクニック51.7%、野生の花・樹木を見る51.6%、ドライブを楽しむ51.2%、野鳥や魚以外の野生生物ウォッチング[注2]50.2%などが上位に並んでおり、これらに続いて、歴史史跡の訪問44.1%、屋外プールでの水泳43.3%、海岸の訪問43.3%、湖・川での水泳41.5%、自転車37.5%、野鳥観察・写真撮影35.7%、日帰りハイキング33.9%、ウィルダネス（原生自然）の訪問33.6%、キノコ・木の実の採取32.8%、農場や農村の訪問32.0%、海水・淡水魚を見る27.0%、海辺の訪問24.0%、開発型キャンプ23.8%、暖水における魚釣り23.7%、モーターボート23.4%となっている（ここまでの活動の参加者が5千万人を超えている）。以下、地質学サイトの訪問20.8%、オフロード車両のドライブ20.6%、ボートツアー19.6%、マウンテンバイク18.1%、原始的キャンプ14.5%、スレッディング13.6%、冷水における魚釣り13.1%、塩水における

クロスカントリーとスノーシュートレールのあるデシュート国有林Bend-Fort Rock地区のDutchman Flat（出典：USDAFSデシュート国有林ウェブサイト）

魚釣り10.7%、バックパッキング9.9%、カヌー9.7%、乗馬9.1%、水上スキー9.0%、個人所有のボート利用9.0%、大型動物の狩猟8.9%、ラフティング7.9%、小型動物の狩猟7.0%、トレールにおける乗馬6.8%、ダウンヒルスキー6.8%、シュノーケリング6.5%、カヤック6.0%、登山5.3%、スノーボード5.2%、

注2） 野生生物ウォッチングとは、野生生物の観察、餌やり、写真撮影、野生生物を見るための公園の訪問、野生生物のために植生や自然地を保全することと定義されている（10））。

屋外でのアイススケート 5.1%、スノーモービル 4.5%、川魚釣り 4.5%、帆走 4.4%、洞窟 4.4%、岩登り 4.2%、漕ぎボート 4.0%、オリエンテーリング 2.6%、クロスカントリースキー 2.6%、渡り鳥の狩猟 2.1%、氷上釣り 2.1%、サーフィン 2.0%、スノーシュー 1.7%、スキューバダイビング 1.5%、ウインドサーフィン 0.6%となっている（**図表1−4**）。

　これらのうち、5千万人以上の参加者がいる活動で1999〜2001年と比較して増加率が最も高い活動は、野生の花・樹木を見る（29.4%）、農場や農村の訪問（28.6%）、キノコ・木の実の採取（28.6%）、野鳥・魚以外の野生生物ウォッチング（25.4%）、野鳥観察・写真撮影（22.8%）となっている。

2）近年の野外レクリエーション活動の変化

　野外レクリエーション活動についての近年の特徴としては、以下のような点が挙げられる[14]。まず、人気のある野外レクリエーション活動に変化が見られることである。例えば、魚釣りや狩猟は伝統的に人気のある野外レクリエーション活動であるが、これらの参加者の数が減少傾向にある一方で、野生生物・鳥の観察や写真撮影の活動が増加してきている。そして、2000〜2009年までの期間を見ると、特に、自然体験型レクリエーション[注3]の増加が目立っており、参加者が7.1%増加し、参加総日数も40%増加している。そして、自然体験型レクリエーションのなかでも、特に野生生物由来のレクリエーション活動の増加が著しい。参加者数、年間訪問日数ともに著増しているのが、自然観察と写真撮影である。自然観察と写真撮影の対象としては、鳥、鳥以外の他の野生生物、魚、野生の花・樹木・その他の植生、自然景観となっている。一方、この期間にスキーは減少、狩猟・魚釣り・バックカントリー活動は横ばい、動力付き車両等のレクリエーションは2005年以降頭打ちとなっている。

　また、国有林のレクリエーション利用者の参加率を調べた森林局の調査では、利用内容の分類が少し異なるが、第1位が自然物の観察（50%以上）、

注3）自然体験型レクリエーションとしては、レクリエーション・歴史的サイトの訪問、自然観察・写真撮影、バックカントリーの活動、動力付き車両等の活動、狩猟・魚釣り、動力付きでないボートやダイビング、スキーなどの冬季の活動が含まれる。

図表1－4　各野外レクリエーション利用についての2005 ～ 2009年における参加率
（2010年RPAアセスメントのデータに基づく）

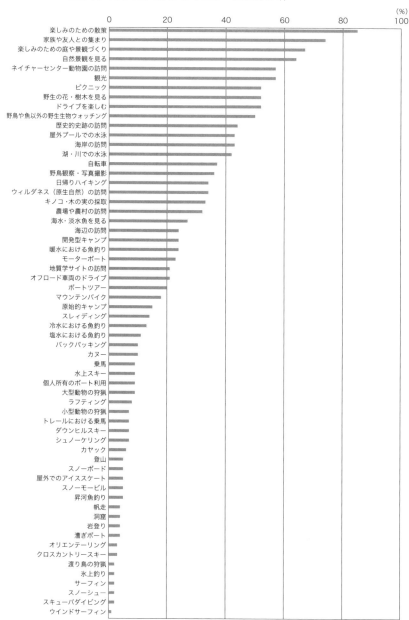

次いでハイキング・散歩、リラックシング（40%以上）、野生生物の観察（30%以上）、ドライブを楽しむ（20%以上）、ダウンヒルスキー、ピクニック（10%以上）、魚釣り、自然センターの活動、開発型キャンプ、歴史的サイトの訪問、自然学習、非動力利用、狩猟、クロスカントリースキー、バイクライド、森林産物の収穫、オフロード車両、原始的キャンプ、スノーモービル、バックパッキング、乗馬など（10%以下）となっており[15]、自然や野生生物の観察が多くを占めており、同様の傾向となっている。

　1960年、1982〜1983年、2000年の3つの時点での最も人気のあるレクリエーション活動の上位5つは、実は余り変わっていない。1960年では、1.「ドライブを楽しむ」、2.「水泳」、3.「散歩」、4.「野外ゲームやスポーツ」、5.「観光」、1982〜1983年では、1.「水泳」、2.「散歩」、3.「動物園や公園の訪問」、4.「ピクニック」、5.「ドライブを楽しむ」、2000年では、1.「散歩を楽しむ」、2.「ネイチャーセンターの訪問」、3.「ピクニック」、4.「観光」、5.「ドライブを楽しむ」となっている。また、1982〜1983年から2005〜2009年までの4つの時点での33種類の野外レクリエーション活動の参加率の推移を示したのが**図表1−5**で、これを見ると詳しい傾向が分かる。

　それによれば、1. 1990年代以降の20年間について見れば、公的な公園などへの訪問者数は比較的安定（急増はしていない）、2. 近年は伝統的な活動である狩猟や魚釣り関係の人気が低下、3. 一方で、2007年以降、自然ウォッチング・写真撮影・自然学習が急激に増加、4. キャンピングや水泳の伸びは低下、5. マウンテンバイク、ラフティング、（トレールでの）乗馬は人気が低下、6. 海辺や自然地域の訪問、オフロードビークルの運転、カヤック、スノーボードは参加が増加、というのが目立つ特徴となっている。

　特に、**図表1−5**で見るとおり、3. に含まれる野鳥ウォッチング・写真撮影は、1982〜1983年から2005〜2009年の間に290%増と最も増加の著しい活動となっている。狩猟や魚釣りの人気低迷の一方で自然ウォッチング・写真撮影の人気増加の原因として、狩猟への反対論、生息地の減少、デジカメの普及などがあるとされる。

　一方、アメリカで2040年までに最も急速な増加が予測されているレクリ

図表1−5　主な野外レクリエーション活動の参加率の推移

活　　動	参加率				1982 ～ 83から2005 ～ 09までの参加率の変化（%）
	1982 ～83	1994 ～95	1999 ～2001	2005 ～09	
散歩を楽しむ	53	68.8	82.4	84.1	159
野鳥ウォッチ・撮影	12	27	31.8	34.9	290
野外スポーツイベントへの参加	40	49	50.8	52.4	131
日帰りハイキング	14	26.6	32.4	32.6	232
野外コンサートなど	25	35.2	40.9	36.5	146
ネイチャーセンターなどの訪問	50	55.1	56.7	55.1	110
湖・川での水泳	32	43.4	41.4	40.7	127
観光	46	58.4	50.8	50.5	110
自転車	32	38.7	39.6	39.2	122
ランニング・ジョギング	26	28.2	32.9	34.5	132
ピクニック	48	55.7	54.9	50.9	106
ボート	28	37.8	36.3	35.6	127
ドライブを楽しむ	48	-	50.3	48.8	102
オフロードのドライブ	11	17.8	17.4	20	182
開発型キャンプ	17	23.1	26.4	24.1	142
屋外プールでの水泳	43	49.2	41.7	43.1	100
モーターボート	19	29.6	24.3	23.3	123
野外でのチームスポーツ	24	29.1	22.9	26.9	112
魚釣り	34	35	34.2	33.8	99
原始的キャンプ	10	15.6	15.9	14.2	142
カヌーまたはカヤック	8	9.5	11.5	12.4	155
バックパッキング	5	8.4	10.4	9.8	196
ゴルフ	13	17.3	16.7	14.3	110
スレッディング	10	13.7	15.1	11.6	116
乗馬	9	10.3	9.7	9.7	108
狩猟	12	12.5	11.1	11.5	96
ダウンヒルスキー	6	11.3	8.6	6.4	107
水上スキー	9	11.3	8	8.3	92
スノーモービル	3	4.8	5.5	3.8	127
帆走	6	6	5.1	4.5	75
クロスカントリースキー	3	4.4	3.8	2.1	70
野外でのアイススケート	6	7.1	6.7	4.2	70
野外でのテニス	17	14	10.5	9.7	57

（出典：14））

エーション活動は、ダウンヒルスキー、クロスカントリースキー、プールでの水泳、バックパッキング、歴史的サイトの訪問、ランニング・ジョギングなどである[16]。日本では（ダウンヒル）スキー人口は1993年の1,860万人をピークに減少が続き、最近は底打ち傾向と言われているが、2014年には480万人にまで落ち込んでおり[17]やや対照的である。

4 青少年の外遊びの状況と野外レクリエーション利用についての国際比較[18]

1）青少年の外遊びについての状況

「子どもの外遊びについての全米調査[注4]」によれば、6歳から19歳までの子どもの64%が平日に2時間以上屋外で過ごしており、また、77%が週末に2時間以上野外で過ごしており、約半数は週末4時間以上屋外で過ごしているという結果となっており、平日、もしくは週末に全く屋外で遊ばないという子どもは5%に満たない結果となっている（**図表1-6**）。また、活動内容につい

図表1-6 「子どもの外遊びについての全米調査」結果：6歳〜19歳までの青少年が質問を受ける以前の典型的な平日および週末に屋外で過ごした時間の割合（95%信頼区間の中央値）

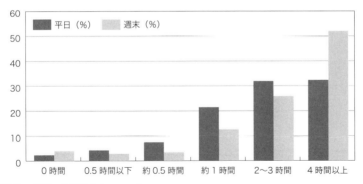

＊四捨五入の関係で100%となっていない。

（出典：14））

注4） 森林局南部研究所、ジョージア大学、テネシー大学の共同プロジェクトとして2007〜2009年までに実施された。

て見ると、単に野外にいる（82.3%）、バイク・ジョギング・散歩・スケートボード（80.1%）、音楽を聴く・映画を見る・電子機器を使う（54.8%）、チームスポーツをする（50.6%）、屋外での読書・勉強（46.0%）、テニスやゴルフなどのスポーツ（38.6%）、キャンプ・フィールドトリップ・屋外教室への参加（34.9%）、水泳・ダイビング・シュノーケリング（34.8%）、バードウォッチング・野生生物を見る（32.6%）、ハイキング・キャンプ・釣り（31.2%）、モータサイクル・悪路走破車両・オフロード車両（19.7%）、スキー（8.6%）、水上スキー・ボート（8.8%）、漕ぎボート・カヤッキング・カヌー・サーフィン（8.4%）、その他の活動（9.6%）となっている（**図表1-7**）。これについて、年齢層を6-9、10-12、13-15、16-19歳の4つに細分して集計したデータを見ると、音楽を聴く・映画を見る・電子機器を使う活動は、年齢の高い層で割合が高くなっている一方、バードウォッチング・野生生物を見る活動は年齢の高い層で割合が低下している。次に、屋外で遊ばない理由については、音楽を聴く・読書などに関心（58.2%）、インターネットなどに関心（47.9%）、ビデオゲームなどに関心（46.6%）、インドアスポーツをやる（35.6%）、アクセスの問題（26.9%）、その他の理由（23.4%）、交通手段がない（22.4%）、ショッピングモールなどで過ごす（21.1%）、外で遊ぶ友達がいない（19.6%）、屋外で遊ぶのが安全でない（12.3%）などとなっており、高年齢層になるとインターネットやショッピングモールで過ごす活動の割合が高くなっている[14]。

　この結果によれば今日のアメリカの子ども達の多くは相当な時間屋外で遊んでいる実態にあることが分かるが、詳細を見てみると、上位には屋外における電子機器の使用、チームスポーツ、単に屋外にいるなどの活動が並んでおり、キャンプなどの自然体験型のレクリエーション活動は比較的少なく、また野生生物を見る活動など高年齢層で参加率が低下しているものもある。近年アメリカやヨーロッパでは子ども達が屋外で遊ばなくなり、そのことが原因となって注意欠陥障害や肥満などの「自然欠乏疾患（Nature Deficit Disorder, NDD）」[注5]を引き起こしているという指摘がある[19]。自然体験の

注5） Richard Louvの2005年の著書に基づく言葉であり、人々、特に子ども達が屋外で過ごす時間が少ない場合に様々な問題行動につながるという説。「自然体験不足障害」とも訳される。

図表1－7 「子どもの外遊びについての全米調査」結果：6歳～19歳までの青少年が質問を受ける以前の週に屋外で行った活動の内容（％、男女別）

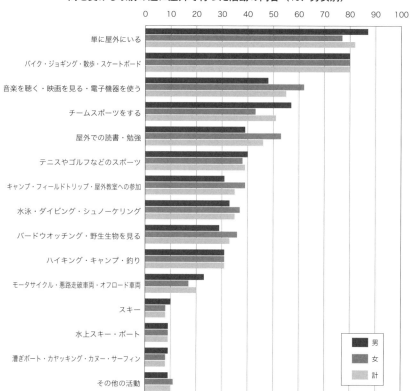

（出典：**14**））

減少程度を調べるためには、自然体験型の活動のみに焦点を当てたデータ収集や居住環境等も含めた総合的な分析が必要であろう。ちなみに、日本においても、国立青少年教育振興機構・国立オリンピック記念青少年総合センターによる青少年の自然体験活動等に関する実態調査（2006年）において、小中学生を対象にして「チョウやトンボを捕まえたことがあるか」などの9種類の自然体験の有無を問う調査が行われており、それによれば平成17年と平成10年のデータを比較すると全ての項目で子ども達の自然体験が減っている結果となっている。

2) 国・地域により特徴があるレクリエーション利用の傾向

　図表1－8は、1990年代～2000年代におけるいくつかのレクリエーション活動の参加率について、ヨーロッパ5か国（デンマーク、フィンランド、オランダ、イタリア、ノルウェー）とカナダ、アメリカを比較して調べた結果を示している[20]。スオミの国で「万人権（Everyman's Right）」のあるフィンランドやノルウェーなどの北欧では特に野生ベリーとキノコ狩りの人気が高い。「万人権」があるため、他人の土地に入ってキノコ狩りをすることも問題ない。ただし、天然のキノコに限ってであって、栽培しているものはこの限りではない。しかし、熱心に森の幸を利用するフィンランドであっても、野生ベリーやキノコ類の利用率はそれぞれ5～10%、1～3%に過ぎず、その利用率を30%までにまで高めるという目標が立てられたこともある[12]。

図表1－8　主なレクリエーション活動の参加率についての欧米7か国の比較

活　　　　動	参加率						
	デンマーク	フィンランド	オランダ	イタリア	ノルウェー	カナダ	アメリカ
散歩	63	68	74	40	84	—	67
ハイキング	—	19	—	38	82	—	24
自転車	—	55	68	6	47	—	29
ジョギング・ランニング	14	16	16	4	—	—	26
キャンプ	—	18	—	2	—	19	14
ピクニック	10	28	—	45	—	26	49
狩猟	1	8	—	4	9	5	7
ベリーなどの森林フルーツの採取	2	57	—	—	35	11	—
天然キノコの採取	3	41	—	21	13	—	—
クロスカントリー乗馬	1	2	6	6	4	2	5
自然学習と自然を楽しむ	56	51	—	—	—	31	—
クロスカントリースキー	—	40	—	—	50	4	3

（出典：20)）

3）キノコ採取が森林保全のイニシアティブになっているタイ

　野生キノコの探索・利用はカナダやタイなど各国で注目度が高まってきている。**写真①**はタイ北部のガオ（Ngao）モデルフォレスト内の地域住民の共同管理林で、キノコ採取が森林保全のインセンティブとして働いている例である。この地域では、レクリエーションというよりは、住民の日常の食材としての採取・利用で、**写真②〜④**のように様々な天然キノコを採取して煮たり焼いたりして食べている。しかし、住民達が皆発見から採取、料理の過程を楽しんでいるという意味では、レクリエーション的な要素もあると言えるであろう。

①ガオ（Ngao）モデルフォレスト内のキノコ採取林
　　（タイ、2015年8月撮影）

②〜④ガオ（Ngao）モデルフォレストで採取されたキノコと料理の例　　　　（タイ、2015年8月撮影）

4）非消費型野生生物レクリエーションの代表：野生生物ウォッチング

　野生生物を捕獲する狩猟などを「消費型野生生物レクリエーション」と呼ぶのに対して、野生生物ウォッチングなどは「非消費型野生生物レクリエーション」と呼ぶ。「非消費型野生生物レクリエーション」は、「消費型野生生物レクリエーション」のように捕獲対象種を急減させて生息に大きな影響を与えることはないが、大勢のツーリストが訪問するようになれば当然、野生生物への様々な負の影響が無視できなくなる。

⑤ヒョウモンモンチョウの仲間
（ワシントンDC・アメリカ、2010年9月撮影）

⑥吸水のため群れるシロチョウの仲間
（タイ、2007年3月撮影）

⑦羽衣のような可憐な蝶
（ガオ（Ngao）モデルフォレスト・タイ、
2015年8月撮影）

5）野生生物への影響と人的被害

　日本では様々な要因によって野生生物と人間の居住地の境が不明瞭になりつつあることから、山菜・キノコ採りでクマに襲われるケースが近年相次いでいる。アメリカでも例えば、2011年にはロッキー山脈北部でグリズリーベアによる被害が83件報告され、14件の負傷事故と2件の死亡事故が起こった。2件の死亡事故はいずれもイエローストーンエコシステム内で起こったが、国立公園の区域外だという。また、ヨセミテ国立公園（**写真⑧**）では、1920年代から人間活動によってブラックベアの行動や生息

⑧冬のヨセミテ国立公園のハーフドームの幻想的な光景
（カリフォルニア州・アメリカ、1986年撮影）

数に影響が出ているという。訪問者が与える食物に依存する個体が増えて人的被害が増加したが、1975年から集中的な管理プログラムが実施されて以降は被害が減少したという。また、グレートスモーキーマウンテン国立公園では、生息するブラックベアの5 ～ 10%が訪問者に物乞いをするいわゆるpanhandlerだと言われている[21]。

6）レクリエーション活動による大気汚染等の問題

　国立公園の大気汚染の問題もある。**写真⑨**は有名なセコイア国立公園のジャイアントセコイアであるが、この場所は残念ながらアメリカの国立公園で一番大気汚染がひどく、スモッグが基準値を超えた日数が2011年では年間87日間もあった。ワースト2が**写真⑩**のジョシュアツリー国立公園で、基準値超えの日数が56日間だったという。どちらもカリフォルニア州で、原因の大半は公園外からくるものと考えられているが、公園内の車両等に起因するものもある。例えば、イエローストーン国立公園の一酸化炭素の全排出

⑨セコイア国立公園のジャイアントセコイア
（カリフォルニア州・アメリカ、1986年撮影）

⑩特徴的な景観のジョシュアツリー
国立公園
（カリフォルニア州・アメリカ、
1986年撮影）

量の35〜68%がスノーモービルに起因するというデータがある[21]。

　このほか、レクリエーション利用のモラルの問題もある。近年はレクリエーションのギアもかつてとは比較にならないくらい向上し、トレールランのような新しいレクリエーションも盛んになってきた。日本ではスキー場でのコース外滑走が問題になっているが、カリフォルニア州のジョンミュアトレールでは、軽装で210マイルの全行程を走破しようとする者が増えており、道に迷ったり救護活動を行ったりするケースが発生している[21]。

5 野外レクリエーション利用と私有地の位置づけ[18]

1）レクリエーション利用と私有地

　先述したように万人権（Everyman's Right）がある北欧のフィンランドなどでは、私有地にも自由に立ち入って天然キノコの採取を行うことができるが、アメリカにおいては一般的に私有地では土地所有者の私権が強く、自由に立ち入ってレクリエーション活動を行うことは認められていない。一般的としたのは、メイン州のように同様な自由アクセス権が慣習として認められている地域も例外的にあるからである。それ以外の地域においても、国公有地ほど一般的ではないが、私有地においてもレクリエーション利用が行われている。その多くは土地所有者・その家族や友人であるが、なかには一般公衆の利用を認めている場合も少ないながらある。

2）私有林の所有者の所有目的

　アメリカの森林の現状を見ると、過半が私有地であり、そのうちの3分の2近くは非産業的私有林（Nonindustrial Private Forest, NIPF）と称される家族や個人所有の森林となっている。家族的森林所有者は全ての私有林の所有者の92%を占め、面積的にも35%を占めているため、家族的森林所有者の意向がレクリエーションの機会の提供にとって重要である。全米で0.4ヘクタール以上を所有している家族や個人所有森林所有者1千万人が1億680万ヘクタールを所有しており、これらの所有者のうちの60%以上が4ヘクタール以下の所有であるが、面積的には20.2ヘクタール以上の所有者の森林が70%近くを占めている。最近の国家林地調査によれば、これらの家族的所有者が森林を所有している理由としては、所有者、面積いずれにおいても過半を超えている理由が、多いものから審美的理由、家族の遺贈、プライバシー、生物多様性、住まいの一部となっており、一般的には所有目的はレクリエーション利用と競合しないものとなっている[14]。実際に、3人に1人の所有者がハイキングやバードウォッチングを行うことが重要な所有目的であると答えており、同様な比率の所有者が狩猟や魚釣りが重要な所有目的であ

ると答えている。これらに続くその他の所有理由としては、多い順に、土地投資、狩猟、農場の一部、その他のレクリエーション、木材生産、薪生産、非木材森林産品となっており、木材生産は所有者で見ると10%程度であるが、面積で見ると30%を超えており、大規模所有者層に多いことが窺える。

3) 私有林所有者とレクリエーションへのアクセス

　私有林所有者はアクセスルールの厳しさの程度によって、「禁止土地所有者」、「排除者」、「制限者」、「開放型土地所有者」に区分されている[22]。「禁止土地所有者」は自己利用以外の全てのアクセスを禁じている者であり、「排除者」は自己および家族以外の狩猟を排除している者であり、「制限者」は「排除者」と似ているが友人や雇用者の狩猟を許可する者であり、「開放型土地所有者」は一般公衆のアクセスを認めている者のことを指す。一般的に、「禁止所有者」や「排除者」はハンター関連の問題や責任問題に対して否定的な態度を有するが、「制限者」や「開放型土地所有者」は一般公衆の狩猟のアクセスについて賛成する。なお、土地所有者が他者による利用によって遭遇した問題としては、多い順にゴミの投棄、違法な狩猟や釣り、フェンスや門の被害、不注意な発砲、暴力、機器等の盗難、プライバシーの侵害、樹木の被害、作物の被害、野生生物の侵害、道路の被害などがある[22]。

　一般的には開発等によってレクリエーションのフィールドとしての私有地が減少し、また、アクセスを制限する所有者が増加していると言われているが、一般公衆がアクセス可能な私有地の状況はどうなっているであろうか。1996年の調査によれば、全ての私有地所有者のうちの50%が家族以外の一般者にレクリエーションのアクセスを許していたが、家族以外の者のうち土地所有者が知らない者にアクセスを許すかどうかとなると、その数値はずっと低い15%であった。同じ数値は1987年の調査ではそれぞれ47%、25%であり、一般公衆のアクセスを認める者の比率は10ポイントも低下している。また、地域ごとの差異も大きく、1986年の国家私有林所有者調査によれば、国民のアクセスを認める所有者の割合は、ロッキー山脈地域が29%、北部地域が24%、太平洋岸地域が14%、南部が13%となっていた。そして、1996

年の同じ調査では、ロッキー山脈地域が14%、北部地域が16%、太平洋岸地域が11%、南部が7%といずれの地域においても国民のアクセスを認める所有者の割合が減少してきている [22]。

　また、レクリエーション利用のための家族所有林へのアクセスについて、2002〜2006年における全米規模での森林局の全国林家調査の結果に基づき、①個人所有の森林へのレクリエーション目的の一般国民のアクセスの状況、②個人所有者による一般国民のレクリエーション目的のアクセスを許可するか否かの判断基準、③アメリカ国内の地域的な違いについての分析も行われている [23]。それによれば、自らあるいは家族や友人のレクリエーション利用のアクセスを許した者の割合は、全米で60%、地域別にはロッキー山脈地域が54%、北部地域が66%、太平洋岸地域が51%、南部地域が49%となっており、一般公衆のアクセスを許可する者の割合は全米で15%、ロッキー山脈地域で23%、北部地域で17%、太平洋岸地域が13%、南部地域で9%、土地に立ち入り禁止の看板を立てている者の割合は、全米で41%、ロッキー山脈地域が46%、北部地域で41%、太平洋岸地域が48%、南部地域で41%となっている。一般公衆のアクセスを認めることと相関が高い要素としては、所有面積が大きいこと、在住所有者であること、関連の農業や牧場を有していること、貸付や木材生産活動を行っていること、管理計画を策定していること、私的なレクリエーションアクセスを認めていることであるとしている。また、一般のアクセスを認めていないことと相関が高い要素として、土地に立ち入り禁止の看板を立てていること、プライバシーの懸念、狩猟のために所有していること、年齢が高く、教育水準が高いことであるとしている。また、地域別では、北部や南部の所有者は認める比率が低く、ロッキー山脈の所有者は認める比率が高くなっている。これらの一般公衆のアクセスを許可する者の割合のデータを上記の1996年のデータと比較すると、全米の15%という数値は変わっていないが、地域別のデータはロッキー山脈地域のように大きく増加している地域もある。

4）私有地におけるレクリエーション利用の実態

　また、自然体験型レクリエーションの6つのタイプごとに、アメリカ東部と西部について、2005 ～ 2009年における国公有地および私有地別の参加率と参加日数を見たものが**図表1－9**および**図表1－10**である[14]。6つのタイプとは、レクリエーション・歴史的サイトの訪問（家族の集まり、ピクニック、歴史的サイト、キャンプなどを含む）、自然観察・写真撮影（野生の花・樹木、野鳥、野鳥以外の野生生物など）、バックカントリーの活動（バックパッキング、日帰りハイキング、トレールにおける乗馬、登山、原生自然環境の訪問など）、動力付き車両による活動（オフロードビークル、スノーモービルなど）、狩猟（大型動物、小型動物）、スキー（クロスカントリースキー）である。このデータによれば、フィールドとしては国公有地が主要な位置を占めており、年間訪問日数のうち東部では60%、西部では69%は国公有地となっているが、活動内容と地域による差があり、狩猟や動力付き車両による活動は東部においては私有地におけるレクリエーションが国公有地を上回っている。

　以下、個別に見てみよう。バックカントリー活動は、西部および東部いずれにおいても4分の3は国公有地で行われており、レクリエーション・歴史的サイトの訪問については、西部では70%、東部では60%がそれぞれ国公有地となっている。クロスカントリースキーは、東部では57%、西部では67%が国公有地で行われている。また、自然観察・写真撮影は西部では60%以上は国公有地で行われているが、絶対数の多い東部では45%が私有地で行われており、その年間訪問者数は121億人にも達している。狩猟については、西部では57%が国公有地で行われているが、東部ではこの率は43%に低下し、私有地が57%に達する。東部においてこれらの活動のうち私有地で行われている比率を見ると、バックカントリーが最も低い28%であり、狩猟が57%と最も高くなっており、以下、動力付き車両による活動（54%）、自然観察・写真撮影（45%）、クロスカントリースキー（43%）、レクリエーション・歴史的サイトの訪問（40%）となっている。

　狩猟については過去25年間に私有地の利用が拡大してきており、狩猟の

図表1－9 2005～2009年における自然立脚型レクリエーションのタイプごとの参加率および参加日数（アメリカ東部、国公有地および私有地別）

活動タイプ	国公有地		私有地		合計日数
	%	(百万) 日数	%	(百万) 日数	
レクリエーション・歴史的サイトへの訪問	60	1,266	40	834	2,101
自然観察・写真撮影	55	15,119	45	12,175	27,294
バックカントリー	72	1,474	28	580	2,054
動力付き車両	46	416	54	488	904
狩猟	43	181	57	242	423
雪上スキー	57	14	43	11	25

（出典：14））

図表1－10 2005～2009年における自然立脚型レクリエーションのタイプごとの参加率および参加日数（アメリカ西部、国公有地および私有地別）

活動タイプ	国公有地		私有地		合計日数
	%	(百万) 日数	%	(百万) 日数	
レクリエーション・歴史的サイトへの訪問	70	598	30	262	860
自然観察・写真撮影	61	5,239	39	3,332	8,572
バックカントリー	78	828	22	237	1,065
動力付き車両	59	131	41	91	222
狩猟	57	51	43	38	89
雪上スキー	67	7	33	4	11

（出典：14））

フィールドの多くを私有地に頼っており、2006年の内務省の魚釣り・狩猟・野生生物関連レクリエーション調査によれば、全国の狩猟のうちの4分の3が私有地で行われており、ハンターのうち、国公有地のみを用いる者は全体の15%であるのに対し、私有地のみを用いる者が58%に達し、国公有地と私有地の両方を用いる者は24%となっている[5]。この理由は、大型動物のハンターの私有地へのシフトが見られること、また、州魚野生生物部局が土地所有者にハンターのアクセスと狩猟の機会と野生生物の生息環境の向上を図るために支払いを行う「ウォークイン・ハンター・アクセスプログラム（Walk-in hunter access program）」が実施されてきており、ハンターが私

有地において狩猟を行うことを許可する代償として、加入する私有地に本プログラムが実施された場合に補償が行われてきていること、土地所有者とハンター（またはハンターのグループ）との有料契約が増えていることが挙げられている。

　また、狩猟目的で貸付を行った所有者数は全体の1%に過ぎないが、面積的には全体の7%を占めており、所有者にとって大きな収入をもたらしている。また、狩猟以外の目的で貸付した所有者は全体の1%以下であるが、面積的には全体の3%となっている[24]。さらに、野生生物ウォッチングのうちの自宅から1.6キロメートル以上離れたもの（「遠隔地型野生生物ウォッチング」と称する）の国公有地、私有地別の利用実績の推移を見ると、1985〜2006年の間の割合はあまり変化がなく、国公有地のみのものが49〜51%、国公有地と私有地両方のものが27〜34%、私有地のみのものが10〜12%で推移している。遠隔地は国公有地の比率が高いため、国公有地の位置づけが高くなっているとみられる。また、非遠隔地型野生生物ウォッチングのデータはないが、それについて調査を行えば、より身近に存在する私有地の位置づけが高くなるであろう。

6　野外レクリエーション利用のための私有地への　アクセスの促進[18]

1）野外レクリエーション利用のための私有地へのアクセス促進策

　アメリカでは、国公有地は西部に偏在しているため（**図表1−11**参照）、特に国公有地の比率の低い東部などにおいては、民有地の活用によって国公有地の混雑緩和が図られている。すなわち、野外レクリエーション大統領委員会勧告（1987年）では、増大するレクリエーション需要に対応するため、私有地所有者にインセンティブを与える仕組みによって一般国民のレクリエーションのためのアクセスを奨励することが勧告された。これに基づいて、内務省魚野生物局などの連邦政府等は様々な手段で私有地でのレクリエーションアクセスを促進する方策を推進してきている。

図表1-11　アメリカ国有林、国草地、国立公園の分布

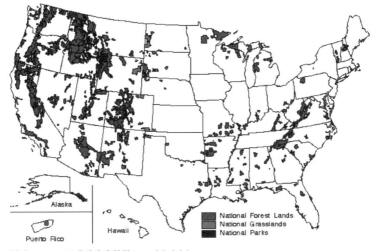

(出典：アメリカ農務省森林局ウェブサイト)

　私有地所有者が第三者のアクセスを拒否する理由として、林内で事故が発生した場合の責任の所在が管理者である所有者に帰するという法律的な問題があるが、アメリカの全ての州において、無料のレクリエーションのアクセスが行われている場合に、所有者の責任を制限する法的措置が定められている。また、26の州で私有地所有者が一般国民の狩猟、釣り、その他のレクリエーションを私有地で許容する場合に補助金や技術支援のプログラムを有している[25]。さらに、ニューハンプシャーなどいくつかの州では、一般国民のアクセスを許可した場合に税金の減額を行っている。また、先に述べたウォークイン・ハンター・アクセスプログラム（Walk-in hunter access program）もある。このほか、有料の許可や貸付協定など利用料や協定締結者などの限定された個人やグループを対象とした私有地への一般国民のアクセスを増やすための施策も行われてきている。

2）自主的公衆アクセスと生息地インセンティブプログラム

　最近の促進策として、農務省天然資源保全サービス局は、各州やインディアン部族などが私有地における狩猟、釣り、ハイキングなどの野生生物に

立脚したレクリエーション活動のための私有地への国民のアクセスを増加させるための競争的な資金供与を開始している。このプログラムの正式名称は、「自主的公衆アクセスと生息地インセンティブプログラム（Voluntary Public Access and Habitat Incentive Program, VPA-HIP）」と称され、2014年には**図表１－12**に示した15の州・部族に対して合わせて2,000万ドルが供与された[26]。

　また、2015年度にも同様に15の州・部族に対して合わせて2,000万ドルが供与されたが、そのなかの一つであるマサチューセッツ州の事例を見てみよう。これは、マサチューセッツ州北西部の28の町を含む区域において836,500ドルの資金供与を行いアクセス可能な野生生物の生息域を作り出すためのモーホーク・トレール森林コミュニティ生息地プログラム（Mohawk Trail Woodland Community Habitat Program）と称される計画である。本プログラムでは私有の農地や林地におけるレクリエーション活動を行うために土地所有者にインセンティブを与えるものであり、合意の期間や生息地改善のための活動の程度などに基づいた弾力的なインセンティブが取り入れられている。この農務省の資金供与は、土地所有者が多様な生息地を作り出すとともに、その場所において釣り、狩猟、野生生物の観察などのレクリエーション活動を自主的に許容する仕組みとなっている。

3）イギリスやカナダにおける状況との比較

　アメリカ以外では、私有地へのアクセスの状況はどうなっているであろうか？　前節で述べたとおり、北欧諸国では万人権によって私有地への自由なアクセスとキノコ等を採取することが認められている。イギリスでは、1845年の改訂「一般囲い込み法」によって国民がレクリエーション活動等のために自由に使える土地の確保が行われるとともに、2000年の「カントリーサイド・歩く権利法」によって日本での里山的なエリアにまで公的な権利としてアクセスができるようになり、人々が自然を享受するためのアクセス権として、パブリックフットパスが導入されてきた[27]。日本の入会林野のように資源の管理・利用にあたって地縁を基盤とした厳格なメンバーシップとルールを備

図表1-12　自主的公衆アクセスと生息地インセンティブプログラム（Voluntary Public Access and Habitat Incentive Program VPA-HIP）資金供与先

供与先	供与額 （USドル）	提供されるレクリエーションの機会	追加される面積 （万エーカー）	便益を受ける人の数（千人）
アリゾナ州 狩猟動物魚部	2,194,400	動機付け支払い、追加の職員の雇用、アウトリーチなどによる国民アクセスプログラムの拡大	200	10.1
ヤカマ（先住民）	131,200	野生生物観察センターの整備、8,500エーカーの私有地と12,500エーカーの部族地をハイキング、バードウォッチング、写真撮影等に開放	2.1	3
ジョージア州 天然資源部	993,664	93%の土地が私有であるジョージア州において、野生生物管理プログラムを拡大して私有地における狩猟、釣りなどを可能に	1.5～2.0	5
イリノイ州 天然資源部	1,744,000	ターキーの狩猟、ハイキング、ラフティングなどのための現在の公衆アクセスプログラムの拡張を計画	1.3	3
アイオワ州 天然資源部	3,000,000	土地所有者に対して22,000エーカーの野生生物生息地の改善と当該区域の狩猟への開放	2.2	5
ミシガン州 天然資源部	1,229,250	既存の狩猟アクセスプログラムに多くの農家を追加し、8,000エーカーに拡大	2.4	9
モンタナ州 魚野生生物公園部局	491,260	人口当たりのハンターと釣り人人口が最大の州であり、150名の私有地所有者と交渉し、48,000エーカーを狩猟、釣り等に開放する計画	2.4～4.8	12.1
ペンシルバニア州 狩猟動物委員会	6,000,000	既存の国民アクセスプログラムを発展させ、レクリエーションのための土地を提供するとともに、絶滅の危機にあるアメリカムシクイやカメの生息地を改善	30	766
サウスダコタ州 狩猟動物魚公園部	1,505,500	南東部の私有地への狩猟やレクリエーションのための国民アクセスを促し、野生生物の生息地を改善	5	0.5
テキサス州 公園野生生物部	2,245,200	狩猟のための私有地の増加、野生生物の増加、生物学者の雇用	2	72

（出典：26））

えた閉鎖型コモンズに対立する概念として、カナダのナイアガラ断崖近くに
1967年に開通した全長1200キロメートルのブルーストレールのようなオープ
ンアクセスに近い状態のものを「開放型コモンズ」と称すべきという意見も
ある[28]。このトレールの半分程度は私有地上に存在しているが、イギリスや
北欧諸国における制度が利用者の権利として認められているのに対し、カナ
ダの本事例は土地所有者の善意によって利用が認められている点、また、ト
レール上の線的な歩行利用のみが認められている点が異なるという。

　アメリカで実施されている私有地についての国民のレクリエーション利用
の推進施策は、政府によるインセンティブによって、カナダのブルーストレー
ルと同様に、土地所有者の自主的な行動を期待するものであり、また、野外
レクリエーションの種類によってその利用の形態が異なるが、狩猟や釣り、
野生生物の観察などの野外レクリエーション活動のフィールドとしての「開
放型コモンズ」を作り出していく施策であると言うことができるであろう。
また、これらのレクリエーション活動の源泉は野生生物の存在であり、その
ための生息地保護対策も合わせて講じていることが特徴である。一方、万人
権のある北欧での土地所有は、土地所有者として立木の伐採等の権利は当
然あるが、立ち入りに加えて天然キノコの採取なども含めて土地所有者のレ
クリエーション活動のための独占的な利用が想定されていないという意味で
は、アメリカの保全地役権（Conservation Easement）の制度にも通じる軽
微な制約のある所有権であると言えるであろう。保全地役権では、保安林の
ように保全的土地利用という制限、すなわち土地開発などの開発的利用がで
きないという制約を受けることを条件に税制面などの優遇措置が定められて
いるからである。

4）日本における施策と可能性

　日本においても、未活用の陰鬱な人工林や藪化した二次林の一部を伐採し、
群状に草地をつくるなどして入り込みやすい明るい森とし、一般公衆のアク
セスを認める土地所有者に対して、法的な責務解除などの措置と同時に様々
な支援優遇措置を講じることができれば、国民の野外レクリエーション活動

のための身近な開放型コモンズを増やしていくことが可能となり、都市化社会において様々な便益を生むことができるであろう。「ある地域で私的・公的な土地所有にかかわらず、様々なステークホルダーが自然資源を共同利用できる新たなコモンズ」[29]を構築することにもつながるであろう。

　近年、フットパス、セラピーロードなど様々な施策が講じられてきているが、山間部では地元住民の山菜採りのための入会地として外部者を排除している区域が多い上、一般的に林業を行う者は都市部のレクリエーション利用者が入林することは快く思わない傾向もある。都市近郊での取り組みであるが、所沢市にある里山をテーマにしたフィールドミュージアムで、里山林にトレールなどを整備している埼玉緑の森博物館では、地主の民間企業のほかに、多くの私有林所有者が土地の貸付を行って協力している事例がある。植林のスギ・ヒノキ林とクヌギやコナラに加えて潜在植生樹種であるシラカシなど多様な樹種から構成される森林と田んぼ、湿地があり、野生生物の観察などの環境学習や農業体験も可能なフィールドである。また、市民協働で私有地との協定に基づいて放置人工林の整備やフットパス作りなどを実施している北海道白老町のNPO法人ウヨロ環境トラストのような事例もある。

　このような事例を増やしていくことが、都市住民等の身近な環境教育のフィールドと野外レクリエーションの機会を増やしていくために重要と考える。その際、温帯湿潤地域である日本のメリットとして、美しい四季の変化が楽しめる一方で、林地を放置した場合すぐに灌木や下草で覆われた藪状態となり林内への立ち入りは困難になるという生態的特性があること、欧米諸国などと比較すると地形が急峻であるという自然的特性を踏まえる必要がある。また、ドイツの森林内の散策のような習慣は日本にはないが、地域文化や生業と結びついた山菜・キノコなどの山の幸を利用する伝統があること、そして都市住民を中心に関心が高まっている新たなレクリエーション活動のニーズの両面を考慮することが重要となる[18]。

5) アメリカ編まとめ

　以上、近年、アメリカでは野外レクリエーションがビジネスとしても大き

な位置を占めるようになってきており、「肉体と精神の刷新」のための「規則に縛られない遊び」という重要な意義を有する持続可能な野外レクリエーション利用の推進のために様々な施策が講じられてきていることを見た。

　そして、近年の野外レクリエーション活動の内容を見ると、伝統的な魚釣りや狩猟などの活動は依然人気があるものの、野生生物ウォッチングや写真撮影などの自然体験型の狩猟以外の野生生物由来の活動の急速な増加が見られている。また、野外レクリエーションのフィールドとしては伝統的に国公有地が最も重要な位置を占めてきているが、国公有地への利用圧力を低減するために助成措置によって私有地におけるレクリエーションアクセスを促進するよう求めた野外レクリエーション大統領委員会勧告（1987年）もあり、一人当たりの国公有地が減少傾向にあるなかで、私有地の比率の高い東部などでは私有地におけるレクリエーション活動がかなりの比率を占めるようになってきている。

　しかしながら、近年私有地所有者で一般公衆のアクセスを許可するいわゆる「開放型土地所有者」は減少傾向にあり、連邦政府や州政府は、土地所有者が自主的にレクリエーション活動目的で私有地を活用させることを助長する施策を打ち出してきている。

　民有地が多く荒廃した里山が多く存在する日本においても、都市住民等の健康維持や環境教育の観点から、身近な野外レクリエーションのフィールドの確保のためにこれらの里山や遊休農地の積極的な活用促進のための制度的措置が打ち出されることが望まれると考える[18]。

第2章

ヨーロッパ編

1 リ・ワイルディング（再野生化）とレクリエーション ——スウェーデン最南端での取り組み[1]

1）はじめに

　リ・ワイルディング（Rewilding）とは、再野生化、原生自然再生などと和訳されている。このリ・ワイルディング活動によって様々な生態系サービスの価値が高まり、野生生物ウォッチングなどの野外レクリエーションにとって都合の良い景観が形作られてきている。近年ヨーロッパ地域で盛んに行われてきているリ・ワイルディングの取り組みと世界的に人気が高まってきている野生生物ウォッチングを中心に、ヨーロッパにおける持続可能なレクリエーション利用をめぐる動向を見る。まずは、スウェーデン南部のTullstorp川の取り組みについて見てみよう。

2）農家の経営多角化の一環としての風力発電

①スウェーデン南端部Scania州のTrelleborg周辺にて。平坦で広大な農地のなかに、数多くの風力発電施設が林立する景観が広がる。　（2017年3月撮影）

　写真①はスウェーデン最南端のScania州Trelleborg周辺の景観である。スウェーデンというと森林で覆われているというイメージだが、南部は古くから開発が進められたことから、現在では全面的に平坦な農地が広がっている。森林は丘陵部や農場の周辺部に僅かにブナ樹林地が残る程度（**写真②**）で、あち

②写真①から数キロ内陸に入った丘陵帯。このようなブナ科の樹林が丘陵部に塊状に僅かに残る。
（2017年3月撮影）

③干し草の熱利用設備を説明してくれたファームマネージャー
（2017年3月撮影）

らこちらに風力発電の風車が目立つ。この風車は農家の経営多角化の重要な柱となっている。ファームマネージャーによれば、年間売り上げ収入は、農産物が300万ユーロであるのに対し、風車による売電収入が200万ユーロであり、風力発電はトラブルもない安定的な収入源として満足しているということだった（**写真③**）。

3）人為的な再湿地化と河川の蛇行化

　土地利用の話に戻ると、**右の図**は1767年当時の地形図であり、これを見るとこの地域はもともと数多くの沼地が分布する湿原地帯であったことが分かる。

　現在も**写真④**、⑤のように農地と農地の間に小河川と湿地が見られるが、これらの湿地は実は2008年から開始されたTullstorp川プロジェクトによって人為的に作り出されたものである。

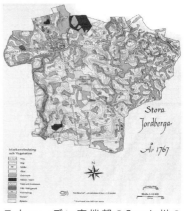

スウェーデン南端部のScania州の1767年の地形図。もともとは沼地が全域に分布していた。　　（出典：1））

100

④Tullstorp川プロジェクトによって蛇行化が図られた川。周辺には集約的な農地が広がる。

（2017年3月撮影）

⑤Tullstorp川プロジェクトによって人工的に再湿地化が図られた箇所。毎年、野鳥のモニタリングを行っており、再湿地化前に25種類であった鳥類の種の数が、最新の調査では100種を超えているとのことであった。 （同上）

⑥蛇行化が図られた河川。河岸には天然更新によって樹木が再生してきており、回復してきている動植物の解説板が設置されている。 （同上）

⑦Tullstorp川プロジェクトのシンボルマーク。川を蛇行化させ、周辺の植生・生物多様性を回復させることからシンボルのワシ類が描かれている。

4）Tullstorp川プロジェクト

　本プロジェクトは土地所有者達のボトムアップアプローチによって成果を上げてきており、ドイツ、ポーランド、ラトビアなどバルト海諸国の関係者と地域の保全関係者が集まり、同様のアプローチをバルト海域全体に広げるための方策についての議論が2017年3月に行われた（**写真⑧**）。

　Tullstorp川プロジェクトとは、もともと農業肥料などによって汚染が進むバルト海の水質保全を図るために、流域で農業を営む土地所有者が連携して水質の向上を図る目的で2007年に始まった取り組みである。湿地を開発して大規模な農地が作られた結果、現在では6,300ヘクタールの流域面積の85％以上が農地となっており、富栄養化、洪水や荒廃の問題が発生しているだけでなく、生物多様性が減少し、レクリエーション利用の価値の低下が起こってきている。現在までに、70の農家・土地所有者が参加し、35か所の湿地が再生され、10 kmにわたって河川の再生が図られてきている。

⑧Tullstorp川プロジェクトと同様のアプローチをバルト海域全体に広げるための方策が議論された。　　　　　　　　　　（2017年3月）

　このプロジェクトのために、現在までにすでに約450万ユーロが費やされてきており、この活動によって様々な生態系サービスの向上が図られている。プロジェクトマネージャー（**写真⑨**）が生態系サービスの算定を行った結果を見ると、開始後50年間の建設・

⑨Tullstorp川プロジェクトのマネージャーのKatrine Sorensen氏（右）。 （2017年3月撮影）

⑩海藻が一面に打ち上げられているTrellesborgのバルト海沿岸 （2017年3月撮影）

維持等の総費用が約5,158,140ユーロであるのに対し、同じ期間の生態系サービスの金銭価値は、生物多様性が約165,360ユーロ、富栄養化制御が約7,043,400ユーロ、水制御が約99,840ユーロ、レクリエーションが約8,736,000ユーロ、ツーリズムが約5,850,000ユーロ、これらの合計としての50年間の生態系サービスの金銭価値は2,189万ユーロとなっており、これらの便益は費用の4.2倍となっている[2]。

バルト海は富栄養化などにより赤潮などの被害が著しいと言われているが、Trellesborgの沿岸のバルト海には**写真⑩**のように海藻が一面に打ち上げられ、この海藻を用いたバイオガス発電も行われている。このため、商業的漁業は振るわないと聞いたが、夕方に海岸を散策した際に、数名の釣り師を見かけた。たまたま、眼前で大きな魚を釣り上げた瞬間に出会った（**写真⑪**）。

⑪写真⑩近隣で釣り上げられた魚 （同上）

103

2 野生生物関連のレクリエーションの高まりと 「新たなサービス経済」の台頭（1）[3)]

1）リ・ワイルディングの定義

　ヨーロッパの土地景観は有史以来の人類の農業活動によって形作られてきており、ほとんどの森林減少は産業革命以前に起こってきている。しかしながら、この数十年間に遠方の生産性が低い農地を中心に放棄地が増加してきており、伝統的な農地景観が失われるとともに、生物多様性や生態系サービスの面での懸念が示されるようになってきた。このような問題意識から、各地で「リ・ワイルディング（再野生化)」の取り組みが行われるようになってきたのである。

　リ・ワイルディングには様々な定義が存在する。「生態系プロセスの修復と景観の人的制御を減らすことを目的とした生態的遷移の消極的な管理」という定義もある。アメリカのイエローストーン国立公園において捕食者であったハイイロオオカミを70年ぶりに復活させる取り組みを行ったところ、ヘラジカが減少し、その結果として当時絶滅の恐れがあったグリズリーベアにとって餌となる植物の増加をもたらしたケースは良く知られているが、これはリ・ワイルディングの取り組みの一例と言える。

　一方、オランダ法に基づいて2011年に設立されヨーロッパにおけるリ・ワイルディングを推進している財団であるRewilding Europeは、「リ・ワイルディングとは、土地景観や海洋景観において自然のプロセスや野生種が際立った役割を果たすよう仕向けることであり、当初の支援の後においては、自然がより自律的に機能するようにさせ、景観がより野生的で、かつ現代社会が全ての生命体に便益をもたらすような形で野生的な箇所と再びつながる機会を提供することを助長するものである」と定義している。Rewilding Europeは"Making Europe A Wilder Place"（「ヨーロッパをより野生的な場所にする」）をモットーに掲げて、2022年までにヨーロッパ全体で100万ヘクタールの陸地と海のリ・ワイルディングを行うことを目指しており、「より野生的で、ずっと多くの野生生物、原生自然と自然プロセスが存在するよ

うにするために、様々な生命を回復させ、みんなが楽しみ、野生とともに暮らす新たな方法を探る」として、以下のような考え方を示している[4]。

- リ・ワイルディングは人々のより野生的な景観についての認識を新たにさせ、自然の健全性と人間社会との相互依存的な関係について理解し、この不可欠な関係を強化させる。

- リ・ワイルディングは生命を維持しているヨーロッパの生物多様性が極めて重要であり、これらは自然のプロセスとそのプロセスの結果である生息域からもたらされるのが最良であることを再認識させる。

- リ・ワイルディングは、大小を問わずどのような景観においても実施できる。正式な保護地域のステータスは必要ないが、継続的な便益をもたらすために何らかの保護対策が行われることが望ましい。

- リ・ワイルディングは将来志向であり、現代社会に自然プロセスと野生生物を回復させ、人間活動と野生の自然景観を結びつける新たな機会を創造する。

- リ・ワイルディングは自然プロセスを再生させるため、あるいは野生種の回復を図るために、しばしば最初の支援措置が必要であるが、その後は常に干渉を減少させることが目標とされる。

- リ・ワイルディングは特定の最適な状態や最終状態に到達させるため、あるいは原生保全地域をつくるために行うのではなく、非生物的・生物的・社会的な特徴が特別の場所の感覚を有する生息地や景観を生むような自然のダイナミクスを支援する。

- 植物相や動物相の回復や強化は、生態系の機能やプロセスを修復することを意図して歴史的な土着の種の範囲で行われる。

- ヨーロッパにおいては、最も野生的な景観であってさえも特定の鍵となる自然プロセスや種を欠いており、これらの地域についてもリ・ワイルディングの対象として重要である。

- 生態系の機能と自然プロセスを修復させるためには、すでに絶滅した種の生態的な代替種を設けることも選択肢の一つではあるが、主要な力点は地域的に絶滅の可能性があるような野生種に置かれるべきである。

　ヨーロッパでは、リ・ワイルディングのビジョンに基づいて各地でリ・ワイルディングの取り組みが実際に行われている[5]。Rewilding Europeがリ・ワイルディングを実施している箇所としては、スウェーデンおよびノルウェー北部に広がる先住民サミ（Sami）の居住地域であるLapland、バルト海に面したポーランドとドイツの国境地域にあるOder Deltaなどが含まれている。

Vision for Wilder Europe 2015の共著者の一人でありリ・ワイルディングに取り組むMagnus Sylven氏（左）とTullstorp川プロジェクトに参加しているファームオーナーのOtto von Arnold氏（右）。背景はスウェーデン最南端地域の人工的な再湿地化実施箇所
（2017年3月撮影）

リ・ワイルディングの対象地ポーランドOder Deltaで撮影された魚を捕獲中のオジロワシ（White-tailed Eagle）。本地域は野生生物の宝庫であり、このほかにヨーロッパバイソン、ビーバー、ヘラジカ、オオカミなどが見られる。
（撮影者：NL Ron Velner、写真提供：Iwona Krepic）

同じくポーランドOder Deltaで撮影されたアカジカ（Red Deer）の群れ
（撮影者：NL Ron Velner、写真提供：Iwona Krepic）

2) リ・ワイルディングが生まれた背景

　ヨーロッパにおいて生物多様性は依然減少しているが、他方で野生生物の回復の動きも起こってきている。急激な社会経済やライフスタイルの変化などによって放棄地が増加してきており、同時に自然を基盤としたタイプのレクリエーション利用が急速に増えてきている。リ・ワイルディングという新たなイニシアティブが開始された背景として、次のような点が指摘されている[4]。

・郊外部の人口減少を引き起こした都市化と土地放棄
・数多くの指標的な野生種の顕著な回復
・全ての野生自然の体験や野生生物の観察についての需要の増大
・野生生物、原生自然、リ・ワイルディングに好都合なヨーロッパの政策（特に、EU委員会の新生物多様性戦略やナチュラ2000ネットワーク）

　都市化と土地放棄の状況を少し見てみよう。ヨーロッパ地域では、過去50年間の人口増加が33%であるのに対し、都市部地域は78%も拡大している[5]。5人のうちの4人が都市に住んでいると見られており、日本と同様に、地方では人口減少と高齢化が起こり、グローバル競争のなかで生産性の低い農地は放棄されてきている。特に、土地放棄率の高い地域としては、アルプス、ピレネー、ポルトガル、スペイン中部、サルデーニャ島、旧東ドイツ、バルティック地域、ポーランド、スウェーデン北部、フィンランド北部などが挙げられている。エストニア、ラトビア、リトアニア、ポーランド、ルーマニア、スロバキアでは過去10年間に10 〜 21%の農地が失われたという。また、1960年から1990年までの30

フランス・パリ郊外の農村景観
（エクソンプロバンスからパリへ向かう鉄道から2010年撮影）

年間にヨーロッパ27カ国における草地の割合は19%から7%に減少した[5]。ヨーロッパ環境政策研究所（IEEP）は、2030年までにスペイン、ポルトガル、フィンランドとスウェーデンの一部、フランスの高地、イタリア、ルーマニア、ブルガリア、ギリシャの一部などを中心にヨーロッパ全体で3,000万ヘクタール以上の農地が放棄され、その分の森林等が増えると予測している。この背景には、1958年以降ヨーロッパの農地景観を形作ってきた共通農業政策（EU CAP）がある。2013年のCAP改革によっても、より不利な条件の土地での生産は取りやめて、より肥沃な土地での生産へシフトする傾向が続いてきている。このため、小規模の農民や放牧民が形作ってきた伝統的な農地景観が失われつつあるのである。

ドイツ・ミュンヘン近郊Steinwald
自然公園近くの農村景観
（2010年撮影）

ドイツ・ミュンヘン近郊
Steinwald自然公園の入り口に
ある地図表示板　　　（同上）

同自然公園のノルディックウオー
キングのコースの表示板。難易度な
どによりルートが区分されている。
（同上）

同自然公園の入り口の林縁部の針葉樹林を　同自然公園内の針葉樹主体の林相。林道脇に
主体とした景観　　　　　　　　（同上）　伐採された間伐材が置かれている。　（同上）

3　野生生物関連のレクリエーションの高まりと 「新たなサービス経済」の台頭（2）[6]

1）野生生物の回復状況

　ヨーロッパ地域においては、過去30 ～ 40年間において野生生物の回復が
顕著に起こってきているという。これは、これまで実施されてきた自然保護
政策の成果であると考えられている。数多くの指標的な野生生物種が回復し、
過去数百年間に見られなかったような野生生物の生息数の増加が見られてい
る。顕著な例として、ノロジカ、ヘラジカ、イノシシ、シャモア、野生ヤギ、
鵜、コウノトリの一種、カモやハクチョウ類、ワシ類などが挙げられている。

このほか、ビーバー、オットセイ、ハヤブサなど多くの野生生物が積極的な法的保護や回復措置の恩恵を受けて増えているという。また、オオカミとブラックベアも、スカンジナビア、ドイツ、オーストリア、イタリア、スイス、フランス、スペイン、ポルトガルなどで次第に拡大しており、これは自然的な原因の他に自然保

ケンブリッジ市内で見かけたノロジカ
（ケンブリッジ・イギリス、2019年12月撮影）

護活動とハンターの努力の結果であると考えられている。これらの点については、ロンドン動物学協会、バードライフインターナショナルとヨーロッパ鳥調査委員会が取りまとめた "Wildlife Comeback in Europe（ヨーロッパにおける野生生物回復）" レポートにおいて、過去50年間に回復した37種の哺乳類と鳥類がどのようにして、なぜ回復したのか、また、これらの種の保全のために必要な教訓について詳しく報告されている。本レポートでは、野生生物の回復の重要な要因として、継続的かつ強固な法的保護、生息している種に対する積極的な増殖、失われた種の回復措置、野生生物の受容性の高まりが挙げられている[7]。また、自然の驚くべき回復力・強靭性（レジリエンス）が示されているとともに、EUの鳥と生息地指令、ナチュラ2000ネットワーク、水フレームワーク指令などの政策の重要性が指摘されている。

2）ポーランドのサファリ

　前節で紹介したリ・ワイルディングの対象箇所であるドイツ・ポーランド国境近くのOder Deltaのポーランド側では、様々な野生生物が見られ、その一つにオオカミも含まれている。ポーランドOder DeltaのKopiceという小さな町に住み野生生物関連のツーリズムに関わっているIwona Krepic氏は、「オオカミは現在でもなかなか見ることはできない。足跡や痕跡であれば、しばしば遭遇することがある。実際に森の中で出会ったのはたった二度しかない。

その時は、森の中で車の中から20分間じっと見つめていた。オオカミという
凄い動物が自分の地域に住んでいることに誇りを持っている」と語っている。
写真はその時にIwona氏が撮影したオオカミとオオカミの足跡である。

ポーランドOder Deltaのオオカミ
（撮影・写真提供：Iwona Krepic）

同。オオカミの足跡。
（撮影・写真提供：同左）

ポーランドOder Delta地域で野生
生物サファリを運営しているIwona
Krepic氏　（写真提供：Iwona Krepic）

同地域のアカジカ（Red Deer）
サファリで、アカジカを至近距
離で見るためのカムフラージュ
のための着ぐるみ
（写真提供：Iwona Krepic）

同地域にはヨーロッパバイソンが220頭ほど生息し、熟練したガイドの案内によってこのように至近距離で見ることができるという。（撮影：Ron Velner、写真提供：Iwona Krepic）

スウェーデン最南端地域で遭遇したシカの群れ（中央の黒い線状に見えるもの）。コペンハーゲンから近い本地域は、都市住民の狩猟のフィールドとしての人気が高まってきており、レクリエーションリース経営を行っている農家もある。　　　　　　　（2017年3月撮影）

3）野生生物関連レクリエーション利用の高まり

　野生生物の増加は日本で問題になっている農林産業への被害や人間との衝突など莫大な負の社会経済的影響がある一方で、世界各地で野生生物に関連したレクリエーションによる新たな経済的効果も生んでいる。

　アメリカにおける2011年の調査によれば、16歳以上の人の40％近くの9000万人が野生生物に関連したレクリエーションを楽しんでおり、関連する商品・サービスの額は2011年のGDPの1％にあたる1,450億ドルにも上るとされている。最も人気のあるのが野生生物ウォッチング（550億ドル、7,200万人）であり、次いでスポーツフィッシング（420億ドル、3,300万人）、狩猟（340

億ドル、1,400万人）となっている。

　野生生物ウォッチングは、特定の旗艦的な、あるいはカリスマ的な野生種が見られる場合に大きなビジネス機会を提供している。例えば、顕著な事例として、野生生物ウォッチングの一種としてのホエールウォッチングの人気の急速な高まりがある。1998年から2008年までの10年間にホエールウォッチングを実施した国の数は87から119に増加し、ツーリストの数は900万人から1,300万人に増加し、総消費額も10億ドルから21億ドルへと増加した。

ホエールウォッチングの人気は世界的に高まっている。小笠原諸島近海にて
（撮影・写真提供：Kyomukama David）

4）ヨーロッパにおける野生生物ウォッチングの人気の高まり

　ヨーロッパにおける釣りと狩猟の総消費額と参加人数は、それぞれ250億ユーロ／年、2,500万人、160億ユーロ／年、700万人となっているが、野生生物ウォッチングは近年になって人気が出始めている。2011年のEUによる調査によれば、ヨーロッパ全体で2万6,000か所の保全地域を有している

　ナチュラ2000が支援しているツーリズムとレクリエーションによる雇用関係の総消費額は500 〜 850億ユーロ、450 〜 800万人の常勤雇用を創出している（2006年）。また、イギリスでは、成人の半分以上が一週間のうち一回以上自然環境を訪れ、スコットランドでは全ての旅行のうち56%以上が自然関係のものであるとされている。また、野生生物ウォッチング以外のレクリエーション活動も含めた自然関係のツーリズムの消費額は14億ポンド、39,000人の常勤雇用者があるというスコットランドナチュラルヘリテージによる調査もある。スコットランドにおける他の研究では、2009年に主目的が野生生物ウォッチングである旅行の費用に2億7,600万ポンドが費やされ、その旅行者の75%が同国の旅行者であり、壮齢の中流階級夫婦が主な顧客であり2,700人以上の雇用を生んだとされている。スコットランドにおいては、野生生物ウォッチングは全ての国内ツーリズムの5.2%を占めるに過ぎないが、本研究によれば野生生物ツーリズムは経済停滞期においても伸びてきており、今後も伸びが予測されている。

　ヨーロッパにおいて野生生物ウォッチング（フクロウ、ワシ、シャチ、オオカミ、クマなど）の食事付きツアーの費用は、100 〜 800ユーロとなっている。イタリアのアブルッツォ地域において、「クマとオオカミの国」として売り出したところ、実際にこれらの動物と遭遇する可能性は極めて低いにもかかわらず、ツーリストの数が増えたという。スペイン北部のSomiedo国立公園ではツーリストの数が増えているが、それはブラウンベアの宣伝によるという。フィンランドでは、2005年から2008年にかけて野生生物ウォッチングのための訪問者が90%増加したが、これはブラウンベアやオオカミの存在によるものであり、2012年の400 〜 500万ユーロの売り上げのうちフィンランドを訪れた者の73%が野生生物ウォッチングと撮影が主目的であると回答したという分析もなされている。フランスのCevennes国立公園においては、シロエリハゲワシが新たなバードウォッチングの機会を提供し、毎年8万人の訪問者を得るようになった事例がある。カリスマ的な野生生物の回復に伴うネイチャーツーリズムによる経済的便益は、すでにヨーロッパの一部においては現実のものとなっているのである。

　このようないわゆるコンサベーションエンタープライズ（保全事業）の機会の増加は、従来の補助金による天然資源の採取による「農業経済」から自然と野生の価値に根ざした「新たなサービス経済」にシフトするエンジンとなっている。地域への新たな収入源をもたらすとともに、収益の一部は保全活動の支援にも使われることになる。保全活動への公的な財源が減ってきているなかで、コンサベーションエンタープライズのような民間資金による投資が重要となってきており、慈善活動と純粋な利益追求活動の隙間（ニッチ）を埋める活動となってきている。さらに、このような動きは単に野生生物ウォッチングの経済効果に留まらない。世界的に見れば野生自然があることを経済発展につなげるという可能性はすでに一部で現実化している。例えば、アメリカ西部では国立公園やウィルダネス（原生自然）の周辺で高い生活の質が得られることが、ハイテクやサービス企業の立地として有利に働くことが過去40年間、これらの地域の経済がそれ以外の地域を凌駕している主な原因であるとされている。

4　レクリエーション利用をめぐる対立と森林管理の課題[8) 9)]

1）レクリエーション利用と林業生産活動との軋轢

　泊りがけの自然地域への旅行を指して「自然ツーリズム」と称することがあり、これは「エコツーリズム」や「持続可能なツーリズム」と似た意味で用いられているが、森林に対する社会的ニーズの変化とともに、自然ツーリズムやレクリエーション利用の需要や傾向も変化してきている。このことはレクリエーションの対象地域の管理者や計画策定者、そしてサービスの供給者に数々の課題を投げかけている。持続可能なツーリズムやレクリエーション利用を進めるための前提として、レクリエーション利用をめぐる対立と森林・自然環境管理の課題について考えなければならない。

　まずは、森林のレクリエーション利用と林業生産活動との軋轢（あつれき）がある。この対立は古くからあり、レクリエーション利用のニーズの源流には、もともと木材生産などの経済的利用と対峙する思想がある。歴史的に遡れば、「賢明な利

用」を説いた20世紀初頭のギフォード・ピンショー Gifford Pinchot（1865～1946）、バーナード・フェルノー Bernhard Fernow（1851～1923）らに代表される「進歩主義・経済的・保全主義者」とジョン・ミュア John Muir（1838～1914）に代表される「保護主義者」の両極の対立である。1896年にフェルノーは、「森林の主要な目的は、美や楽しみとは全く関係がなく、偶発的な場合を除いて美的な目的ではなく、経済的な目的である」[10]と述べた。ミュアも1895年には、「森林は保護されるだけでなく、利用されるべきである。永久の噴水のように、木材の確かな収穫、そして、それとともに、美的、精神的利用など全ての利用が損なわれずに維持されるべきである」[10]と述べたが、その後ミュアは、ウィルダネス（原生自然）の美的かつ霊的・精神的な価値に焦点を当て続けたことから、「賢明な利用」を主張する進歩的保全主義者とは明確に袂を分かつようになった[10]。そして、1905年に創設されたアメリカ農務省森林局では、後者に属するピンショーが初代長官となって「持続的生長量の原則」に基づく木材資源の科学的管理が進められることになったのである[10]。

2）「過密」の問題、および異なるレクリエーション利用の対立

　一方、ウィルダネス（原生自然）を人々の楽しみに提供するために公園的利用を進めることは、手つかずの状態を維持することと相矛盾する。ツーリズムやレクリエーション利用者をどんどん増加させるほど、厳正な状態でウィルダネスを保全することが難しくなるからである。エコツーリズムの事例を挙げれば、もともと手つかずの景観や絶景を売りとしているタイ南部の有名なビーチでは、観光客が増えすぎて海岸に殺到する訪問者の頭で覆われてビーチが見えないような状態になったと2016年8月にバンコクタイムズで報道され、ついに夏季の立ち入り禁止措置が取られるようにまでになった。このような「過密（congestion）」とそれによるレクリエーション利用の価値の低下をどう防ぐかが大きな課題となっている。

　さらに、レクリエーション利用が多様化するとともに、原生自然のような静かな環境を求めるタイプの利用とそうでないタイプの利用など異なるレクリエーション利用の対立が起こってきた。アメリカでは早くからこの問題が

顕在化しており、LAC（Limit of Acceptable Change）と称される環境収容力を考慮した計画手法やROS（Recreation Opportunity Spectrum）と称されるレクリエーション利用のゾーニング計画手法が1980年代にはすでに開発され取り入れられてきたことは第1章2節3）で述べたとおりである。

3）森林利用・レクリエーション利用の対立・紛争についての地域特性

　ヨーロッパ諸国における異なる森林利用・レクリエーション利用の対立の状況について中立的な状況把握を行うために、各国の代表に質問状を送って行政官や森林管理者など各分野の専門家と協働してまとめて提出された回答を分析した調査の結果を紹介する[11]。

　　①　レクリエーションと林業利用の対立が起こっている国：7カ国（クロアチア、フィンランド、フランス、ラトビア、ノルウェー、スロバキア、イギリス）

　　②　レクリエーション利用の異なるグループの対立が起こっている国：5カ国（ベルギー、デンマーク、ドイツ、オランダ、アイスランド）

　　③　狩猟・魚釣りと他のレクリエーションとの対立が起こっている国：4カ国（キプロス、デンマーク、フランス、ギリシャ）

　　④　レクリエーションと自然保護の対立が起こっている国：3カ国（スロバキア、ポーランド、スイス）

　　⑤　レクリエーションと過密の問題が起こっている国：3カ国（キプロス、ポーランド、アイルランド）

　また、森林利用・レクリエーション利用の対立の状況については地域差が大きく、森林利用・レクリエーション利用の対立・紛争についての地域特性によって、大西洋地域、北欧地域、中央ヨーロッパ、地中海地域、大陸地域の5地域に分けられるとしている（**図表2−1**）。これらの地域の状況に影響を与えている因子として、森林の量、人口密度、法制度、アクセスの状況などが挙げられている。

　例えば、イギリスのように森林が量的に非常に少ない国、あるいは、フィンランドやノルウェーのように非常に生産的で集約的な林業が行われている

図表2－1 Simon Bellらの調査によって見出された森林利用・レクリエーション利用
の対立・紛争についての地域特性によるヨーロッパの地域区分

（出典：11））

国の状況は似ている。これらの国々では、ほとんどの対立は木材伐採が行わ
れている場所での安全確保の問題と、伐採エリアにおいてレクリエーション
利用が行えないことに起因するレクリエーション利用と林業としての森林利
用の対立にある。また、ベルギー、ドイツ、デンマークなどのように人口密
度が高い国では、多くの利用者のグループが森林空間を求めて競っているた
め、異なるレクリエーション利用者のグループの対立が圧倒的な問題となっ
ている。また、地中海地域とフランスにおいては、狩猟がレクリエーション
利用との紛争を生む大きな原因となっている。

　それぞれの地域ごとの特徴は、以下のとおりである。

①　低森林率の大西洋地域の特徴

　大西洋地域は、5 ～ 11%程度の非常に低い森林率で特徴づけられる地域であ
る。アイスランド、アイルランド、デンマーク、イギリス、およびベネルクス
諸国では、森林におけるレクリエーションの機会の提供は、森林がレクリエー
ション目的で利用可能な主要な土地利用の一つであることから極めて重要と
なっている。高い人口密度と低い森林率のため、レクリエーション利用が森

林管理の主要な目的となっており、研究や実践のいずれにおいてもレクリエーション利用は焦点が当てられるテーマとなっている。主要な課題は、植林地のレクリエーション目的のための美的価値の増進と都市林業の発展である。

　主要な対立・紛争は、混雑、および異なる民族によるレクリエーションの需要に起因しているとされている。ベネルクス諸国とイギリスでは、集約的なレクリエーション利用と自然保護が特別な問題を起こしている。管理に当たってのさらなる問題としては、レクリエーションの機会の供給、異なる利用者のグループ間の紛争解決、過密、およびゴミの投棄の問題が挙げられている。他方で、オープンアクセスとしての森林への需要が増大しているため、レクリエーションとツーリズムの重要性が増している。訪問者数の調査やモニタリング、需要の変化、人々が住む地域から近い箇所にアクセス可能な森林地域を確保する努力が、森林管理の一部として組み込まれてきている。

草原、農牧地帯にかつての自然植生を彷彿とさせる老齢のナラ類の大木が点状に残存している。（イギリス、オックスフォード近郊、1986年撮影）

針葉樹の若齢植林地に広葉樹を導入して多様化を図る努力が行われていた。　　（同上）

大都市のオアシスであるロンドン、セントラルパーク。広大なエリアであるため、散策者、放し飼いの犬達と飼い主達が問題なく共生している。　　　　（2010年撮影）

スコットランド、エジンバラ城から望む市街地。緑地が比較的多く存在する。
（2011年撮影）

②　高森林率で万人権がある北欧地域

　スウェーデン、ノルウェー、フィンランドの北欧地域では、全く違った点が問題となっている。これらの国々では森林率が高く、多目的林業の範疇に全ての人々にとって極めて重要であると考えられている野イチゴ摘み、キノコ狩り、その他のレクリエーションやスポーツ活動のための伝統的な自由アクセスの権利である「万人権」が織り込まれている。

　主要な対立・紛争は、林業とレクリエーションの間に発生している。大面積の皆伐や道路建設がこれらの諸国の研究者や管理者から問題点として指摘されている。これらの問題と比較すれば、他の対立・紛争は大した問題ではないが、森林管理者は冬季のスノーモービルの利用、無許可のオートキャンプ、マウンテンバイクによる荒廃などによる対立・紛争の増加に対処しなければならなくなっている。自由アクセスが前提となっていることから、訪問者数に制限を課すことや入場料を徴収することは難しいため、訪問者への情報提供、サインボード、ガイドツアーなどの受け入れやすい取り組みが実施されている。また、エコツーリズムの増大は、本地域の森林管理に新たな課題を投げかけている。

　最もニーズが高いレクリエーションの体験としては、主として自然の風景、平和さ、静かさを楽しむことにある。可能であれば自宅の近くで求められる

べきものであるが、次第にそれが困難になりつつあり、地方や郊外部でなければ可能でなくなりつつある。フィンランドの自然ツーリストは、静かで平和な環境を求め、可能ならば自然環境のもとで単独で行動することを望む。フィンランド人は自然との密接な関係を保持してきており、自然のなかにおいて単独で対処する技術を持っているために、現状ではガイドツアーなどの重要性は低いものの、次第に都市化が進んできており、将来ガイドツアーの需要が高まる可能性が指摘されている。旅行者は環境の評価は主として景観に基づいて行うため、旅行の行先の決定において魅力的な風景が最も重要な要因となっている。

　フィンランドでも80%近くの人々が都市や人口集積地に住んでおり、半数近い48%の人々が一年以内に、26%が数年以内に自然地域への旅行に行きたいと考え、多くの人々（28%）が国立公園、州有のハイキング、釣り、狩猟地域を訪問したいと考えている。私設のコテージなども比較的人気のある旅行先（16%）となっている。旅行者の自宅から自然地域までの平均の旅行距離は380kmであり、今日では大多数の国立公園が首都やヘルシンキの都市部から800～1,000km離れたラップランドにあるため、より近い旅行先として南フィンランドにある私有地の経済林を自然ツーリズムのために開発す

図表２－２　フィンランドにおける国立公園への訪問者数の増加の状況

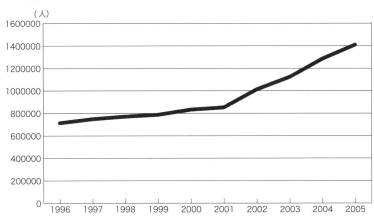

1996～2005年の10年間に8割以上増加した。
（出典：11））

る圧力が高まっている。国民に開放した場合、森林のレクリエーション利用はオランダのように人口密度が高い国々においてはかなり集約的になりがちである。人々のレクリエーションの動機は多様で、異なる利用者の関心がしばしば対立を招く。例えば、静かな自然環境において歩きたいと考える者は、乗馬やマウンテンバイクのようなレクリエーションを楽しむ者を迷惑と思うであろう。自然地域における動力を用いた活動と、平和で静かな環境を求める活動との対立が今後一層増加する可能性が指摘されている。

フィンランド、ヘルシンキ郊外の森林内のト
レール　　　　　　　　　　（2011年撮影）

同。トレール内部の状況　　　　　（同左）

フィンランド、ヘルシンキ郊外。トレールか
ら湖を望む景観。　　　　　　　（同上）

同。トレールが設けられている森林の近景。
マツ類を含む針葉樹にカバ類の広葉樹が混
交している。　　　　　　　　　（同上）

スウェーデン、ストックホルム
近郊の秋の景観。針葉樹林のな
かにカンバ類の黄葉が浮き出て
見える。　　　　（1998年撮影）

③　中央ヨーロッパ

　ドイツ、スイス、オーストリア、フランスの大部分を含む中央ヨーロッパ
諸国では、森林率は3分の1程度で、ここでも森林への自由アクセスが認め
られている。対立・紛争は、異なる利用者のグループ（例えば馬に乗る人と
自転車、自転車とハイカーなど）、またレクリエーション利用と自然保護の
どちらに重点を置くかについて発生している。対立・紛争は自然保護のため
の規制が強い箇所に起こり、大部分がアウトドアスポーツがらみの問題であ
る。また、都市に近い森林においても対立・紛争が起こっている。山岳地域
では、オフピステスキー、バックカントリースキー、スノーシューイング、
マウンテンバイクによる対立・紛争が発生している。

　中央ヨーロッパでは新たなレクリエーション利用のためのインフラ計画に
ついての長い伝統がある。人口密度が高い地域やその周辺における訪問者管
理は、常に管理者にとって大きな課題となってきている。レクリエーション
の管理・モニタリングは、主として森林調査や管理計画のなかに組み込まれ
た業務として行われており、特別な場合のみ、レクリエーションや自然ツー
リズムについての単独の計画策定が行われる。特にロッククライミングやク
ロスカントリースキーの場合、スポーツ協会との契約や自主的な同意などが
新たな紛争解決の手段として整備されてきている。

オーストリア、オシアッハ周辺の景観
（1993年撮影）

オーストリア、オシアッハ周辺に
て。シカ撃ちのハンターのための
小屋。　　　　　　　　（同上）

同。保残木施業による木材収穫が行われている。
（同上）

ドイツ、フライブルク近郊の放牧地
と林地のモザイク的な景観　（同上）

124

フランス、長年択伐が行われてきた
トロンセイのナラ林と国有林の担
当者。大径木が多いが、林内は空間
が空いていて歩きやすい。
（1993年撮影）

同。散策路と案内板。　　　（同上）

④　大陸地域

　ポーランド、バルティック諸国、チェコ、スロバキアなどの大陸地域では、
旧ソ連時代からの森林地の元の所有者への返還や郊外部の人口減少などの問
題が起こってきている。レクリエーションは管理に当たって常に重要な関心事
となっているが、適切なインフラやアクセスの規制などが存在しない場合が多
いため、より集約的なツーリズムのための多くの必要要件を欠いていることが
多い実態にある。また、農業のリストラ、そして耕作地が低木地や最終的に森
林に転換されていることが地方の景観に劇的な変化をもたらしている。

　主要な対立・論争は、レクリエーションと自然保護の問題である。東ヨー
ロッパの保護地域のほとんどは過去20～30年の間に設定されたが、ラトビ
アやバルト海沿岸沿い、山岳地域などにおいては、それらの保護地域の多く
は伝統的なレクリエーション利用が行われてきた箇所と重複している。チェ

バルト海沿岸スウェーデン最南端付近。川の蛇行化と植生回復などによるリ・ワイルディング（再野生化）、リ・ウエッティング（再湿地化）を実施している。　（2017年3月撮影）

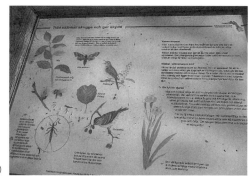

同。動植物の解説板。　　　　（同上）

コ、スロバキア、ポーランド南部では、スキーツアー、クロスカントリース
キー、スノーシューイング、スノーモービル、登山、マウンテンバイクなど
による問題が増えてきている。計画・管理・モニタリングの仕組みは中央
ヨーロッパと同様である。これらは森林調査や管理、あるいは保護地域の管
理計画に組み込まれている。大都市や都市近郊では、レクリエーション計画
やレクリエーションのためのインフラ整備はより集約的に行われている。こ
れらの諸国で用いられている管理手段のうちで最も一般的なものは制限を課
すこと、特に、規則や規制だが、禁止措置の国民の受け入れはやや低いと考
えられている。地域の専門家達は将来の管理を行う人材養成のための教育、
特にレクリエーションとエコツーリズムについての訓練が課題であると考え
ている。また、先に述べた森林所有の変化によって新たな課題が生まれてき
ている。

ドイツ国境に近い酸性雨被害を受けたチェコの森の1992年当時の状況。おびただしい枯損木の集団が一面に見られていた。

同上。遠景。周辺には野生のブルーベリーが多い。　　　　（同上）

⑤　火災管理が重要な地中海地域

　地中海地域も地域の約3分の1が森林であるが、その森林は疎林である場合が多く、また、燃えやすい木々であることが多い。木材生産は重要ではないことから、森林の主要な利用はツーリズムであり、そのために高い審美的価値のある景観が求められ、また、火災管理、レクリエーションのためのインフラ整備、また、過去に集約的に利用された箇所の修復が求められている。

　人々によるごみの投棄について、専門家達はほとんど全

白壁と樹木のコントラストが美しいグレナダの景観
（2011年撮影）

フランス、地中海沿岸地域の乾燥地域のイタ
リアカサマツ（Pinus pinea）が主体の国有
林　　　　　　　　　　　　（1993年撮影）

同。乾燥地帯の林道に設けられた貯水装置。
　　　　　　　　　　　　　　　　（同左）

同。岩礫地帯の急峻地で稼働する植栽機械。
　　　　　　　　　　　　　　　　（同上）

ての地中海地域諸国では残念な伝統となっているとしており、このことが森林管理に大きな問題を起こしてきている。集約的な再造林を行っている地域もあり、あるいは半乾燥地域における限界森林の安定化が図られてきている箇所もある。これらの全ての活動は自然保護に対する需要を考慮することが必要となっている。

　また、ほとんどの地中海地域諸国においては、森林におけるレクリエーションや自然ツーリズムについての独立した計画策定は行われていない。例えば、ギリシャやイタリアでは、レクリエーションの計画策定は、大都市周辺においてレクリエーションの機会を提供しようとする場合などの特別な場合のみ行われている。キプルスではツーリズム組織、森林行政と他のステークホルダーが密に連携して、森林、郊外のツーリズムと自然ツーリズムについての戦略的な計画・モニタリングを行っている。将来の課題としては、自然ツーリズムの新たな需要や訪問者のモニタリングの必要に対応するための環境教育の必要性が指摘されている。

5 森林のスピリチュアルな価値について ——ヨーロッパでの議論から[12]

1) スピリチュアルな価値とは

　森林のスピリチュアルな価値については、未解明の部分が多い。2019年10月の3日間、チェコ・プラハにおいて、SINCEREプロジェクト[注6]の主催で本テーマに焦点を当てたワークショップに参加する機会を得たので、本節ではその内容について紹介する。

　「スピリチュアル」とは、「霊的な」、「聖霊の」、「魂の」などの意味とされ、「メンタル（心の、精神の）」ともやや異なる日本語に翻訳しにくい概念である。過去にはWHO（世界保健機関）の定める健康の定義の3つの要件である身体、精神、社会面の4番目の要件として「スピリチュアル」を加える議論もなされたが、結局は実現しなかった経緯もある。このため、ここではあえて「スピリチュアル」と英語のままの表記とする。

ブルタバ川レジョン橋から、紅葉のペトシーン展望台方面の緑地とプラハ城を望む。
（2019年10月撮影）

注6) 32頁および第3編第7章を参照。

2) スピリチュアルワークショップの目的

　今回なぜ森林の「スピリチュアルな価値」に焦点が当てられたのか？　欧米の森林関係者の間では、環境価値だけではなく生産機能も含めた全ての恵みを指して生態系サービスという用語を用いるのが今や一般的になっている。その3区分（供給、調整、文化）のなかの文化的サービスのなかにレクリエーション・サービスがあり、その一部に「スピリチュアルな価値」があると理解されている。しかしながら、「スピリチュアルな価値」は各国の文学作品などで多く取り上げられているものの学術文献は極めて少なく、共通理解が不足している。一方で、ヨーロッパの共通トレンドとして、レクリエーションや癒しなどの「スピリチュアルな価値」に対する社会的ニーズが大きく高まってきている。このため、「スピリチュアルな価値」についての国際的な共通理解を醸成し、それを森林セクターや地域の振興に結び付けるための斬新な手段について議論しその成果物を共同ペーパーとして作成するのが会合の目的であった。

　ワークショップでは各国からの参加者が「スピリチュアルな価値」と森林管理、社会的意義、経済的意義、ガバナンス、モニタリング、研究課題、事例についてのペーパーを持ち寄り、現状報告に続いて小規模森林所有者の革新方策、アジア欧州交換の2つのテーマについてそれぞれワークストリーム1および2に分かれて議論が行われた。

ワークストリーム2会合の様子　　　　　　（2019年10月撮影）

3) ワークショップの内容

現状報告では、日本の参加者からは、鎮守の森などの宗教的森林、巨木林、癒し・森林浴・森林セラピー、森林サービス産業、土地芸術、枯れ木の扱い、森林環境税などについて報告を行った。「スピリチュアルな価値」関連の用語についてある程度の共通理解が必要と考えたことから、筆者からは現状報告に先立って**図表2−3**のようなベン図イメージをたたき台として提案してみた。これは、一般的に宗教的（religious）、聖なる（sacred[注7]）、スピリチュアル（spiritual）の順により広義になり、また、癒し（healing）と森林浴（forest bathing）はほぼ同意義に用いられているが、セラピー（therapy）はより狭義の概念であると考えられるからである。この図は参加者の議論の出発点として活用された。

図表2−3　森林の「スピリチュアルな価値」の関連語彙の関係性のイメージ

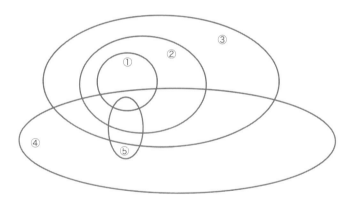

凡例：①宗教的（religious）、②聖なる（sacred）、③スピリチュアル（spiritual）、④癒し（healing）・森林浴（forest bathing）、⑤セラピー（therapy）

注7） インドの聖なる森（sacred groves）が有名。Arjjument H., Koutoiuki K., Honor G. F., Shibata S.（2018）"International Overview of Sacred Natural Sites and Indigenous and Community Conserved Areas（ICCAs）and the Need for Their Recognition" Sophia University Global Environmental Studies Journal, No.13, 33-56. などを参照。

　筆者が参加したワークストリーム2では、自然と人類の関係、森林ガバナンス、森林の保全管理の諸点を中心に議論が行われた。例えば、そのなかで筆者がモデレートを行った一つのセッションでは、スイス、スペイン、チェコ、ドイツの参加者からの報告があった。

　これらの全ての国ではスペインを除いて森林への自由アクセス権があり、森林は人々の暮らしと伝統的な深い結び付きがあり、レクリエーション利用・ツーリズムが盛んである。例えば、スイスではほとんどの人々が森林から徒歩で20分以内に住んでおり、80%の人々が頻繁にレクリエーション利用を行っている。しかしながら、いずれの国においてもスピリチュアルな価値についての明確な政策ガバナンスや計画は見られない。森林墓地はドイツなどではすでにビジネスとなっているが、スペインなど宗教上の理由などから禁止されている国もある。

ストリーム2の少人数討論の一コマ　　　　　　　（2019年10月撮影）

チューリッヒ郊外の森（WaldLaboro）内の墓地サイト。顧客が自分の好きな木を選ぶことができるが、目立った表示はされないのが一般的である。　　　　（2019年10月撮影）

同森林内。写真のような枯死木や大径木を多く残した施業が行われ、恒続林（Dauerwald）への誘導など様々なテーマで研究が行われている。　　　　（2019年11月撮影）

　最後に、とりまとめのための討論が行われ、ヨーロッパ森林研究所（EFI）のGeorg Winkel氏（当時）から、文明の発展段階と森林管理システムについて、段階1：アマゾンなどの原生的ステージ、段階2：イランなどの文化的景観ステージ、段階3：ポーランドなどの合理的な土地利用ステージ、そして段階4：フィンランド、ドイツ、イタリア、日本などのスピリチュアルの再定義（「リ・スピリチュアライゼイション」）が起こっている段階の4段階区分仮説が提起された。筆者の見解としては、フィンランドや日本など第

同WaldLaboroの森林内。この日は平日で
あったが、2時間余りの滞在中に多くのサ
イクリストやジョガーのほか、このような
「森のようちえん」のグループにも出会っ
た。　　　　　　　　　　（2019年10月撮影）

4段階とされた国々の共通的特徴として、都市化による自然欠乏社会化の進
行[13]が自然とのつながりの回復（「リ・コネクション」）の要請を高め、そ
れにともなう「スピリチュアルな価値」についての需要の増加が森林浴、癒
しやセラピーなどの増加に表れていると考えている。また、日本は森林浴や
セラピーの先駆国とみなされており、森林サービス産業についても高い関心
が示された。ワークショップ当日は、「リ・スピリチュアライゼイション」
の是非についての意見は分かれたが、その後の議論の結果、本ワークショッ
プの成果として「リ・スピリチュアライゼイション」を主要な結論とする共
同ペーパーを作成してEcology & Society誌に提出された。

第3編

環境の価値を守ることで
経済発展も目指す

Sustainable Development Goals

森林自然環境が提供する様々な自然の恵み（生態系サービス）に着目し、農業、林業、観光業などの既存のセクターの枠組みを超えて金銭的対価を得る新たな営みやそれらをグリーンインフラとして最大限活用する仕組みを開発し、直面する地球環境問題や持続可能な地域づくり、健康・レクリエーション需要への対処などの社会的課題を同時に解決しようとする挑戦が世界的に進められている。

　本編では、このような革新的な取り組みを進めている世界各地の事例を取り上げる。

第1章

協働により地域の再生を目指す

┃1　地域協働体とアメリカ国有林（1）[1]

1）世界的にも稀有な国民参加による政策形成の仕組み

　農務省森林局は、アメリカで政策形成過程における国民参画を明確に義務づけられた唯一の省庁であり、40年にわたる森林の木材とそれ以外の多様な価値をめぐるせめぎあいについての激動の歴史は他に類を見ないものであり、世界的にも稀有な教訓を提供している。すなわち、連邦政府機関が実施する環境に影響がある全ての事業の実施に際して環境アセスメントを義務づけた国家環境政策法（NEPA、1969年）および国有林の計画策定過程への国民参加を義務づけた国有林管理法（NFMA、1976年）に基づき、全米各地の森林局所管国有林を単位に、環境影響評価と森林計画（正式名称は土地資源管理計画、以下、森林計画と称する）の策定が行われた[2]。

　もともと、国民参加は自主的に実施されていたのであるが、70年代以降は法的に義務づけられ、国民参加を導入した計画策定を行うようになった。このことが結果的に紛争を拡大することになり、その後は協働型策定に向けて舵を切ることになった。このような国民参画についての変遷過程は、以下のように区分される[3]。

- ・1960年代：国有林自身の裁量による国民参画
- ・1970年代以降：法的に義務づけられた国民参画
  - →1970年代：伝統的な国民参加（「防衛的」）
  - →1980年代：同上（「仲裁者」や「紛争解決」という立場）
  - →1990年代以降：「協働型」の国民参画の模索開始（背景にエコシステムマネジメントの開始）

→2010年代以降：2012年の新計画策定規則のもとでの「協働型」の計
画策定開始、地域協働体との協働プロジェクトの開始

　このように、アメリカ森林局国有林の森林計画の策定は、「専門家による
決定」から「交渉型・協働型計画策定」に大きく変化したのである[3]。

1990年代のアメリカ国有林の森林計画書および環
境影響報告書、付帯地図（カリフォルニア州・タホ
国有林の例）

　また、計画の策定・改訂時
には環境影響報告書の策定が
行われ、付録で国民参加の状
況を詳しく説明している。写
真は、1990年に出されたも
ので、まだ紙の時代であった
ため、このように分厚い冊子
が発行されていた。そして、
環境影響報告書のなかで、代
替案ごとの資源量を貨幣価値
に換算してトレードオフの状

況を分かるように示し、政府として選択したい案を選んだ根拠を明らかにし
ていた[2] [4] [5]。

　この取り組みでは、多目的利用の最適化を図るためのFORPLAN Version II
という線形計画モデルを用いて策定した数多くの代替案を国民に提示する先
駆的な国民参加の仕組みが導入され、環境影響評価に膨大な費用が費やされ
たものの、合意形成に至らない分析麻痺（Analysis Paralysis）に陥り、環境
保護派と木材産業グループなどの対立・抗争がエスカレートし、破滅的な山
火事発生の危険防止のための伐採さえも行えないグリッドロック（gridlock）
に陥る地域が続出した[5]。1990年代の後半以降は、このような危機的な状況の
打開を図るため、生態系の復元と経済再生の両立が可能な解決策を地域の関
係者が協働して見出すような地域主導による地域再生を模索する動きが各地
で起こった。森林局や土地管理局はこのような動きを促進させる政策をとっ
ており、また、森林計画についても「全過程における協働」を標榜する2012

年の新計画規則に基づく改訂作業が開始されている。

　本節では、このような稀有な歴史を有しているアメリカ連邦森林局の政策形成過程における国民参画・協働についての変遷過程を振り返った後、2010年代に森林局による「協働森林景観復元プログラム（CFLRP）」などの協働型政策形成を推進する政策が台頭した背景と取り組み状況について見る。

2) 政策形成過程における国民参画の歴史的変遷

　アメリカ国有林の森林計画の策定過程における国民参画の取り組みは、国有林の多目的利用を義務づけた1960年の多目的利用持続生長量法（MUSYA）によって、森林局がレクリエーション利用者など林業関係者以外の多様な利害関係者の相反する価値のバランスを図る必要性に迫られたことに端を発している[2]。1971年までに当時としては最も広範な国民参加が行われたRARE Iと称される道路を作設しない区域（ロードレスエリア）の調査が開始された。初期の国民参画では、森林局が実際に明確な国民参画のための活動を行うことが決められていたわけではなかったが、1969年の国家環境政策法（NEPA）によって環境影響評価の実施と関係者等からのコメントを徴することが義務づけられ（以下、NEPAプロセスと称する）、1976年の国有林管理法（NFMA）によって、森林計画の策定・レビュウ・改訂プロセスにおける国民参加が義務づけられ、計画策定過程が大きく変化した[2]。しかしながら、1970年代の森林計画の策定では、森林局において計画の素案を策定し、それに対してコメントを求めた後に最終決定を行う形が一般的であり、森林局の職員はコメントを聞くのみの「防衛モデル」であるケースが多く、国民は限られた役割しか果たせないことに不満が積もっていった。

　1980年代の初頭になるとこのような「防衛モデル」が非効率であることが明らかになり、森林局はMUSYAの精神に立ち返って「競合する利害の偏見なき仲裁者」を標榜するようになる。このため、全ての関係者が不満を持っているかどうかによってバランスがとれた結論が得られたかが分かるという指摘さえ出るに至り、多くの決定が環境保護グループ、木材

生産グループのいずれか、もしくは双方から異議申し立てを受けるとともに、森林局は全ての関係者からの信頼を失っていった[5]。異議申し立てや訴訟の山のなかで、森林局が「紛争解決」という新たな指標を使い始めたのが1980年代の中頃からであり、中立的なファシリテーターを用いた「関心に基づく交渉」や「代替紛争解決法」などの対話型、協働型の国民参画の手法が次第に用いられるようになった。さらに、1990年代の初頭になると、異なる価値観を持つ異なる所有者からなる広域の土地景観の協働型決定を重視する「エコシステムマネジメント」や「順応型管理」が森林局の計画策定において支配的な考え方になる。1997年には森林局長のMichael Dombeck氏が協働管理（Collaborative Stewardship）の導入を打ち出した。

　協働計画策定（Collaborative Planning）の導入の背景には、このようなエコシステムマネジメントの開始がある。1992年に正式にアメリカ森林局国有林の政策として打ち出された「エコシステムマネジメント」についての統一的な定義はないが、代表的な考え方として、"生産される商品"ではなく伐採等の"活動後の生態系の状態"に重点を置くこと、所有形態を越えた広域について計画すること、そして不確実性に対処するためにモニタリングと順応型管理を行うことがある[5]。このような大きな政策転換が行われた背景として、生物多様性の危機、環境保護グループによる異議申し立てや訴訟の成功、生物学者からの資源管理の改善要求、計画・政策策定過程における有意な市民参加の欠如などがあると指摘されている。

3）政策決定への参加の段階について

　一般的に、政策決定への参加については、**図表1-1**に示したように、単なる情報提供（inform）から、協議（consult）、参画（involve）、協働（collaborate）の4段階に区分される。パブリックコメントなどは協議レベルであり、アメリカ国有林の伝統的な計画策定は参画レベルと考えられるが、近年は協働型の計画策定を目指すように変化してきている。協議レベルにおいては、懸念や関心を理解することが主目的で、提案が計画に反映されることは稀であり、実態的にはプロセスとしての形式的な参加であることが多い。参画レベルに

なると、懸念や提案を計画に反映して計画を修正する努力が行われる。一方、協働レベルとなると、関心者とともに合意を追求することに努めることになる。

図表1-1　環境政策決定過程への関心者の参画レベルの4段階

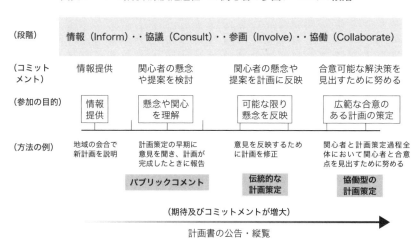

（出典：7)、8) を参考に作成）

　図表1-2に示したように、協働型アプローチになると、参画レベルとは政策形成の考え方ややり方が全く変わってくる。協働型アプローチにおいては、フォレスターのみでは政策形成はできないという認識のもとで行われるため、フォレスターや他の専門家、市民、地域住民などとの関係が大きく変わってくるのである。

図表1-2 伝統的アプローチと協働型アプローチの違い

伝統的アプローチ	協働型アプローチ
我々が答えを持っている。	我々はあなたの協力が必要
専門家が知識と解決策を持っている。国民は懸念と価値観を有している。	我々は皆が知識、解決策、懸念、価値観を有している。
あなたの意見をください。	一緒に考えを編み出しましょう。
国民は道を譲り、専門家に仕事をさせましょう。	選択肢と解決策を編み出すために一緒にやりましょう。

（出典：8）を参考に作成）

4）協働型順応管理のための政策的試行：「協働森林景観復元プログラム（CFLRP）」

「協働」とは、「問題点を違った側面から見る関係者が彼らの違いを探り、単独で考えられる限られた視点を越えた解決策を探るプロセス」[9]とされ、近年、所有形態などの境界を越えた複雑な問題解決を図るために「協働」が行われることが増えてきている[10]。そして、協働管理や協働計画策定を促進させるために、様々な政策が進められてきている。なかでも、2010年から実施されている「協働森林景観復元プログラム（Collaborative Forest Landscape Restoration Program, CFLRP）」は、ここ数十年で最も大規模かつ先駆的な政策的試行とされ[6]、全米で23のプロジェクトが実施されている（2010年承認10件、2012年承認13件）。

CFLRPは、広域の、協働による、順応型の計画策定を強調する長期的なシフトの一環であり、全米各地から競争的に選ばれたプログラムに予算を提供するもので、協働プロセスによる策定・実行、および多様なステークホルダーのモニタリングと学習による順応型計画管理の推進が前提となっている。プログラムの策定過程と実行過程で国有林の担当者と地域住民が協働する機会を与えられ、計画策定と実行過程における多様なステークホルダーとの効果的な協働のあり方を見出すための試金石的役割を担っている。CFLRPは、「優先度の高い森林土地景観の協働による、科学に基づいた生態系の復元を図る」目的で制定された2009年の「森林景観復元法（Forest

Landscape Restoration Act, FLRA)」に基づいており、地域との順応型の協働により広域の景域レベルの復元を目指すプログラムが実施されている。この法律が制定された最も重要な要因としては、山火事被害の急増と対策経費の急増があり、この背景には、不自然に可燃物の蓄積された状態となっている復元の必要な森林が西部を中心に7,000万エーカーも存在することがあるという[6]。CFLRPへの資金拠出のための議会への働きかけのために、西部州知事会（WGA）と環境保護グループのTNCやウィルダネス協会を含むCFLRP連合が重要な働きをしたという。この法案を提出したBingaman上院議員はこれに先立つ2000年にCFLRPの州版と呼ばれる「地域森林復元プログラム（CFRP）」をニューメキシコ州で実施させた「地域森林復元法（CFRPA）」の提案者でもある。CFLRPに先駆けて、2003年には国家火災計画への資金拠出と「健全森林復元法（HFRA）」の制定が行われたが、政策決定過程に対して環境保護グループの不満が高まったことなどから十分な成果を上げることができなかった。

　最初に予算がつけられた10件のCFLRPのプログラムでは、基本的にそれぞれのプログラムごとに地域協働体（Local Collaborative）が関わっており、対象区域の規模は、Deschutes流域の13万エーカーを対象としたDeschutes Skylineプログラム（オレゴン州）から240万エーカーのポンダロッサパインの区域を対象とした4FRIプログラム（アリゾナ州）まであり、従来の一つの国有林内の地域を対象としたプロジェクトとはスケールが異なり、6件が複数の国有林にまたがり、全てのプログラムが森林局国有林以外の内務省魚野生生物局、土地管理局などの他省庁所管の国有地、民有地、先住民区域などを含んでいる（**図表1－3**）。2010年以降、森林局の各地域（Region）で2プロジェクトを上限として全地域で毎年10プロジェクトが選定され、地域局長がワシントンの本省に提出し、連邦予算は国有林の生態的復元に関する所要経費の50%をカバーし、残額は地域で負担するマッチングファンドとなっている。2010年には連邦予算1,000万ドルが選抜された10のプログラムに割り振られ、翌年には連邦予算額が2,500万ドルに増額された。

図表1－3　2010年に採択された協働森林景観復元プログラム（Collaborative Forest Landscape Restoration Program, CFLRP）の概要

プロジェクトの名称（州・リージョン）	復元する景域の広さと特徴	資金供与額（百万ドル）	土地所有の状況	関係する協働体／協働の態様注1)
Selway-Middle Fork Clearwater（アイダホ・R1）	6百万エーカーのClearwater流域のうちの1.4百万エーカーの範囲	1.0 (2010) 3.4 (2011)	連邦94%、州1%。私有4%、先住民く1%	Clearwater Basin Collaborative／C
Southwestern Crown of the Continent（モンタナ・R1）	大陸景域における1.45百万エーカーの森林と牧野	1.0 (2010) 3.5 (2011)	70%公有（森林局59%、州有11%）、30%私有（公有への移行が進行中）	Southwestern Crown of the Continent Collaborative／A
Colorado Front Range（コロラド・R2）	コロラド低山地帯に広がるポンデロッサパインやダグラスファーからなる1.5百万エーカーの景域のうちの0.8百万エーカーの復元ゾーン	1.0 (2010) 3.5 (2011)	50%森林局、50%州有もしくは私有	Colorado Front Range Roundtable／B
Uncompahgre Platea（コロラド・R2）	コロラドの西斜面に広がるセイジブラッシからスプルースファーまで様々な植生からなる1百万エーカーの区域	0.4 (2010) 0.9 (2011)	56%森林局、25%土地管理局、1%州有、18%私有	Western Colorado Landscape／B
4FRI（アリゾナ・R3）	アリゾナ北部の4国有林に広がる2.4百万エーカーのポンダロッサパインの区域	2.0 (2010) 3.5 (2011)	94%森林局、6%その他	4FRI Collaborative／D
Southwest Jemez Mountains（ニューメキシコ・R3）	ニューメキシコ中部のJemez川流域の上中流部に広がる0.2百万エーカーのポンダロッサパイン、混交針葉樹林、セイヨウネズ林の区域	0.4 (2010) 2.4 (2011)	93%森林局、4%私有、3%先住民	Southwest Jemez Mountains Collaborative／A
Dinkey Landscape Restoration（カリフォルニア・R5）	針葉樹、照葉樹・常緑低木、山岳草地、渓畔林からなる0.2百万エーカーの区域	0.8 (2010) 0.4 (2011)	84%森林局、16%私有	Dinkey Collaborative／A
Deschutes Skyline（オレゴン・R6）	オレゴンのSistersとBendの二つの市の水がめであるDeschutes流域の0.1百万エーカーの区域	0.5 (2010) 0.7 (2011)	75%森林局、25%私有（土地トラストが管理するコミュニティ森林の計画）	Deschutes Collaborative Forest Project／C

注1） 森林局の協働体との協働の態様を、A「リーダーシップ」、B「メンバーシップ」、C「参画」、D「断続的」に区分。詳しくは、第3節を参照。

プロジェクトの名称 (州・リージョン)	復元する景域の 広さと特徴	資金供与額 (百万ドル)	土地所有の状況	関係する協働体／ 協働の態様注1)
Tapash Sustain-able Forest Collaborative（ワシントン・R6)	中部ワシントンのKittitas郡、Yakima郡の1.6百万エーカーの区域	1.6 (2010) 2.2 (2011)	51%連邦、 15%州有、 10%私有、 24%先住民	Tapash Sustainable Forest Collaborative／A
Accelerating Longleaf Pine Restoration（フロリダ)	フロリダ北東部、ジョージア南東部に広がるマツを主体とした0.6百万エーカーの区域	1.1 (2010) 1.2 (2011)	41%森林局、 24%魚野生生物局、 15%私有、 13%企業有、 7%州有	特定の協働体はなし／D

（出典：6)、11)）

　関連する政策として、管理契約（Stewardship Contracting）と称される生態系の復元のための小径木等の伐採収入を地域の他の復元活動に利用可能とする複数年にわたる包括的な契約の仕組みが2003年から時限的に認められてきており、CFLRPの大規模な事業の持続的な実施に役立っている。また、健全森林復元法（HRFA）に基づく地域山火事予防計画（CWPP）の策定が山火事防止のための積極的な森林管理についての理解を浸透させ、地域学校確保法（SRSA, 2000年）によって設置された森林資源助言委員会（RAC）が協働体の数多くのメンバーの訓練を実施している。

▎2　地域協働体とアメリカ国有林（2）¹⁾

1）アイダホ州における地域協働体の台頭

　本節では、地域協働体（Local Collaborative）の台頭の動きが顕著なアメリカ西部のアイダホ州を事例として取り上げ、プロジェクトの策定・実施過程における地域協働体との協働の実態を見る。

　森林環境に関する地域の多様な関係者によるパートナーシップや協働体としては、オレゴン州のApplegate流域のApplegate Partnershipやカリフォルニ州プルマス国有林のQuincy Library Groupなど1990年代から事例があり、現在では流域管理を行う組織だけで全米で600存在する¹²⁾。アイダホ州では2010年前後を中心に各地域で相次いで協働体が結成されている。本節

ではこれらの地域協働体が森林局とどのように協働し、森林局のプロジェクトの策定・実施過程においてどのような役割を果たしているのかについて見ることとしたい。

　アイダホ州では、森林局所管と土地管理局所管を合わせて2,000万エーカー以上の国有林を擁しており、国有林は地域経済を支える木材などの商品のほか、水、野生生物、レクリエーションの機会や景観美など重要な役割を果たしてきているが、1980〜1990年前半の国有林管理をめぐる対立によってグリッドロック（gridlock）に陥ったのは、この州も例外ではなかった。しかしながら、2000年代になると、このような状況を打破するために、各地域で木材産業、地域住民、地域選出の政治家、環境保護グループなどが協働体を形成して、国有林と連携を図りつつ、地域経済の再生と山火事防止や生態系の復元を同時に図るための生態系の復元プロジェクトの策定・実施のための活動を行うようになった。

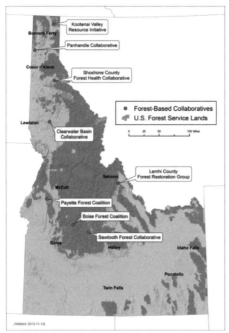

アイダホ州の国有林の分布と地域協働体（Local Collaborative）の位置　　　　　（出典：**13**））

　アイダホ州の地域レベルでの森林に関連する協働体は、前節で触れたCFLRPが開始された2010年前後に結成されたものが多い。また、2010年には地域協働体の連絡組織として、アイダホ森林復元パートナーシップ（IFRP）も結成され、関連する9つの地域協働体が関わるプロジェクトの数は3つのCFLRPプロジェクトを含めて19となった。地域協働体は、木材産業、地域住民の組織、環境保護グループの3分野の組織の者に加えて、地元出身の政治家、先住民、レクリエー

ション利用者などの異なる利害を有する者から組織されているのが特徴であり、回復力（Resilience）の高い森林への復元が地域の環境経済社会的再生に役立つという大枠の合意に基づき、多くのプロジェクトの実現を図ってきている。国有林のプロジェクトで実施した木材収穫のうち、1億3千万ボードフィートは地域協働体が関わっているものだという。

2）主要な地域協働体の状況

　なかでも、2008年にMike Crapo上院議員によって組織されたクリアウォーター流域協働体（Clearwater Basin Collaborative, CBC）は、400万エーカーという最も広い地理的範囲をカバーしており、Nez Perce-Clearwater国有林（以下、NPCW国有林と称する）とMOUを締結して緊密な連携をとって活動をしてきている。MOUにおいては、森林局がCBCと協力して森林局、CBC、一般国民のコミュニケーションと協働を促進させ、森林の復元管理のための地域の支持を図るための議論を進めることなどが合意されている[14]。CBCの参加者は、先住民、オフロードビークルクラブ、環境保護グループ、木材産業、州魚狩猟局、一般市民など21名となっており、アドバイザー・リエゾンとして、国会議員3名、森林局職員3名などを含む11名が参加している。活動目的としては、森林、河川、コミュニティの生態的、経済的健全性を高めるために、多様な関係者の協働を図り、Clearwater流域の土地と水管理についての行動を提言することとされ、生態系の価値、復元と経済発展、先住民の権利、バックカントリーの価値など基本的事項について参加者が合意をしている[15]。CBCが協働で策定したプロジェクトの一つであるSelway-Middle Fork Clearwater Project（SMFCP）は、失業率が20%に上る郡を含む140万エーカーの区域についての木材生産と野生生物の生息域の復元活動を行うもので、2010年に第一弾のCFLRPの一つに選ばれ、2010年、2011年にそれぞれ100万ドル、340万ドルの政府資金の供与を受けている。

　CBC以外の地域協働体としては、25,000エーカーのClear Creek流域の国有林管理についてコンセンサスに基づき提案を行っているBoise Forest Coalition（設立2010年）、40万エーカーの地域の山火事に強い地域づくり

と回復力の強い景観への復元を目標とするIsland Park Sustainable Fire Community（設立2012年）、Kootenai Valleyにおける社会文化経済、天然資源の復元・維持を図るための地域、州、連邦、先住民プログラムの連携強化を目指すKootenai Valley Resource Initiative（設立2001年）、野生生物の生息地、山火事のリスクの減少、水質と流域の改善などの復元プロジェクトの策定を行っているPayette Forest Coalition（設立2009年）などがある（**図表１－４**）。いずれも構成員の数は20名前後のものが多い。なお、Idaho Panhandle国有林のように管内に3つもの地域協働体がある国有林もある。

図表１－４　アイダホ州における主な森林関係の地域協働体

名称 （設立年）	構成員 （構成員の例）	森林局職員 の立場	活動目的	主な関心と成果など
Boise Forest Coalition（2010年）	執行役員6名（環境保護グループ、バイク協会、木材産業など）、メンバー26名（郡長、州魚狩猟局、環境保護グループ、木材産業、バイク協会など）	コンサルタントとして情報提供。	25,000エーカーのClear Creek Watershedの Boise国有林の管理について、コンセンサスに基づいて提案を行う。	マスの復元、森林の健全化、生態系の復元、野生生物の生息地、レクリエーションのためのトレール、サマーホーム周辺の可燃物削減、森林産物と雇用。実施されたClear Creek Integrated Projectにおいて提案の一部が採用。
Clearwater Basin Collaborative（2008年）	参加者21名（先住民、OHVクラブ、環境保護グループ、木材産業、州魚狩猟局、一般市民など）、アドバイザー・リエゾン11名（議員3名、森林局職員3名など）	アドバイザー、リエゾンとして3名が参加。	森林、河川、コミュニティの生態的、経済的健全性を高めるために、多様な関係者の協働を図り、Clearwater流域の土地と水管理についての行動を提言。生態的価値、復元と経済発展、先住民の権利、バックカントリーの価値など基本的事項について参加者が合意。	木材収穫、水生生物や野生生物の生息地の復元を行うSelway-Middle Fork Clearwater Landscapeプロジェクトを協働で策定。本プロジェクトは最初のCFLRPに選定。
Island Park Sustainable Fire Community（2012年）	参加者はパートナーと称され、森林局 のRanger District、土地管理局、郡長、地域住民、環境保護グループなど20名。	パートナーとして参加。	40万エーカーの連邦有林、州有地、私有地からなる地域の山火事に強い地域づくり、回復力の強い景観への復元を目標。	国有林及び周辺の居住地域における可燃物の削減プロジェクトの策定を計画。WUI区域の可燃物削減を行う2件のプロジェクトを2014年の夏から実施予定。

名称 (設立年)	構成員 (構成員の例)	森林局職員 の立場	活動目的	主な関心と成果など
Kootenai Valley Resource Initiative (2001年)	Kootenai先住民、Boundary郡、Bonners Ferry市との合意で発足。	アドバイザー？ 森林計画の改訂などの説明会を実施。	Kootenai Valleyにおける社会文化経済、天然資源の復元・維持を図るための地域、州、連邦、先住民プログラムの連携強化が目的。	森林局と連携して、森林の健全化と生息環境の改善、間伐材の供給を図るプロジェクトを策定・支援。2011年にCFLRPに選定。2012年のCFLRPでは、1,000万ボードフィートの木材収穫とカルバートの改善などを実施。
Lemhi County Forest Restoration Group (不明)	メンバーは17名(郡行政、木材産業、環境保護、ハンティング、土地所有者など)	アドバイザー？	管理契約(Stewardship Contracting)と復元活動によって、Lemhi郡の森林の健全性と地域経済の発展を図ることが目的。	Salmon-Challis国有林のHughes Creekの可燃物削減プロジェクトを策定し、国有林がそれを取り入れて実行。管理契約によって郡や周辺地域に約100万ドルの資金が流入(2008-2012年)。現在、2件の復元および流域プロジェクトの策定を支援。
Panhandle Forest Collaborative (不明)	メンバーは12名(環境保護、郡、木材、ライダー、州政府など)	3名のレインジャーがコンタクト先として登録。	Idaho Panhandle国有林の3つのレインジャー区域の木材収穫、生態系の保全、レクリエーションのバランスの実現が目的。	Idaho Panhandle国有林の担当者と連携して植生アクション5カ年計画、及び植生管理、可燃物削減、流域復元を組み合わせたBottom Canyonプロジェクトの代替案を策定中。
Payette Forest Coalition (2009年)	メンバーは20名(地元行政、住民、環境保護、レクリエーション、企業など)	アドバイザー？	野生生物の生息地、山火事のリスクの減少、水質と流域の改善、道路とトレールネットワークの改善、経済的活性化を目指す復元プロジェクトの現場での実行を促進するために結成。	Payette国有林と連携して、80万エーカーの規模のWeiser-Little Salmon Headwatersプロジェクトを策定。当プロジェクトは2012年のCFLRPに選定。植生管理、道路とトレール、渓流の生息地などの3つのプロジェクトを計画。
Sawtooth Valley Wildland Fire Collaborative (2012年)	市・郡行政、私有地所有者、企業、関心ある市民などから構成。	アドバイザー？	179,000エーカーを焼失したHalstead山火事後に、可燃物処理などの山火事防止対策を検討するために結成。	低コストな山火事防止対策の案を策定して国有林に提出する計画。
Shoshone County Forest Health Collaborative (2010年)	郡行政、生物学者、森林健全化の専門家、興味のある市民などから構成。	アドバイザー？	1910年に山火事被害を受けたSliver Valley地域の森林の健全性、山火事の脅威の減少、森林経済の再生を目的。	連邦林の資源保全、インフラ改善、森林の健全性の確保を図るMullan Forest Health Collaborativeプロジェクトの策定を支援。バイオマス利用、間伐、可燃物削減、火入れなどの植生管理を実施。2012年に森林局と土地管理局がプロジェクトの実施を決定。

(出典:13)、14)、15)、16))

3)「森のなかの戦争」から「協働」への転換が起こった理由

　このような「森のなかの戦争」と称される状態から、共通の目標を目指す「協働」への転換には、CFLRPの開始などの政策的、財政的な後押しとともに、直面する危機的な状況を打破したいという強い地域のインセンティブがあった。すなわち、木材産業や木材に依存していた地域経済にとって国有林の木材伐採の減少が大きな打撃であっただけでなく、環境保護グループにとっても山火事の危険の増大や気候変動などに対処する必要性に迫られたのである。地域協働体は国有林の管理のあり方について異なる意見を有する多様な利害関係者から構成されるが、現状認識や進むべき方向についての一定の共通認識を持っている。例えば、現状の森林は過去の伐採などによってその生態的状態が歴史的変動範囲（HRV）[注2] から乖離してきており、山火事や病害虫などの被害を受けやすい状態となっており、過去の回復力（Resilience）の高い森林状態への復元を目標にするという点についてある程度の合意がされている。また、大火災を引き起こす小径木が生い茂っている低標高地の乾燥林の復元と原野に隣接して存在する都市（WUI）の可燃物の削減の必要性、湿潤冷涼林の積極的な管理によって回復力の高い森林状態に誘導される必要性、ロードレスエリアが設定されたことにより道路ネットワークのあるエリアについての積極的な管理についての必要性、復元活動が水質や野生生物の生息地の改善にも好影響を与えることなどについての共通認識が生まれつつあるという。

▌3　地域協働体とアメリカ国有林（3）[1]

1）地域協働体と森林局の関係

　CFLRPの最初の10プロジェクトの策定・実施過程における協働の実態に

注2） HRV（Historical Range of Variability：歴史的変動範囲）とは、生態系の十全性（Ecological Integrity）に影響を与える事象の予見シグナルとして、「歴史的に起こってきている生態系の改変の程度の範囲」を指す[5]。マクロレベルの生態系管理の指標として、ICBEMP（内陸コロンビア水系エコシステムマネジメントプロジェクト）などで用いられている[5]。

ついての調査結果がある[11]。それによれば、それぞれのプロジェクトごとに地域協働体が組織されているが、森林局職員の地域協働体との関係について、森林局職員が協働体の決定にリーダーシップを発揮している「リーダーシップ」の関係、協働体の合意形成プロセスに投票権のあるメンバーや参加者として組み込まれているが共同議長などの公的なリーダーシップは発揮していない「メンバーシップ」の関係、協働体の投票権のあるメンバーとはなっていないが協働型討議に深く関わっている「参画」の関係、協働型討議に常には関わってはいない「断続的」な関係に区分され、「リーダーシップ」、「メンバーシップ」、「参画」、「断続的」の事例がそれぞれ4例、2例、2例、2例であり、統一的な状況にはない（**図表１－５**、および144頁の**図表１－３**）。

図表１－５　地域協働体と森林局の関係のイメージ

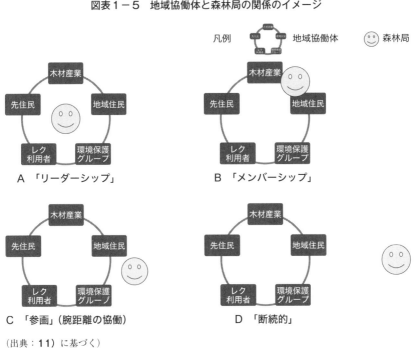

（出典：11）に基づく）

2）国家環境政策法（NEPA）プロセス等による制約

　このような森林局の地域協働体への立ち位置に関しては、森林局の活動についての法的位置づけや制約が影響している。すなわち、①国有林における事業実行の決定権限あるいは責任・義務は常に森林局が有しているということは協働が行われても変わらないこと、また、②計画策定や事業実行に際して国家環境政策法（NEPA）による環境影響評価を行うNEPAプロセスを踏む必要があること、さらに③特定の利害関係者との不透明な関係による意思決定が行われることを防ぐために定められた連邦諮問委員会法（FACA、1972年）の存在がある[17]。

　まず、①の点については、「NEPAにおける協働：NEPA運用のためのハンドブック」には、「他者と協働を行う場合、主管官庁は環境影響評価（EIS）における決定の記録（ROD）や環境アセスメント（EA）における著しい影響がないことの結論（FONSI）などのNEPAプロセスの全過程において決定の権限と責任を保持する。協働を行うことによって官庁の責任や権限に影響を与えることはない。（中略）協働は決定者が利害関係者によって導かれた合意を検討し、主管官庁の開かれたタイムリーな決定に資するものである。」とされ、問題となる事案のとりまとめ、実現可能性のある代替案の構築、影響分析、望ましい代替案の同定などNEPAプロセスの様々な活動を協働で行うが、最終決定のみは協働で行う活動の対象外とされている[18]。

　このことは、アメリカのNEPAプロセスで取り入れられている協働は、カナダ・ブリティッシュコロンビア州などで行われている「計画テーブル方式」のような一定の権限の委譲、共有を伴う共同決定などの高度な協働ではなく、利害関係者が決定に対して影響を与えることができるという期待にも100％沿うものではないことを示している[19]。森林局の職員はこのような協働における対話と官庁の権限との狭間での難しい対応を余儀なくされているのである[11]。つまり、地域協働体は生態系の修復と経済再生などを同時に実現するための様々なプロジェクトを森林局と連携しつつ策定し、実行してきているが、これらの地域協働体と森林局等の官庁とはそれぞれ独立した組織であり、地域協働体で策定したプロジェクト案などを自動的に森林局が

追認するものではなく、森林局は独自の決定権限とNEPAプロセスを踏んで初めてプロジェクトの実施に至るのである。この点については、アイダホ州のCBCとNPCW国有林とのMOUでは、相互了解事項として、「森林局がNEPAや他の連邦法に依拠すること」、「森林局がNEPAに基づく決定責任を保持すること」などが明記されており[20]、ワークショップ開催時等においてこの点が森林局の職員から強調されており[13]、実際、森林局が実施するプロジェクトでも地域協働体の提言の全てが取り入れられているわけではない。

②は、例えば幅広い利害関係者からなる地域協働体が策定したプロジェクトの実施を森林局が取り入れることにした場合でも、通常のNEPAプロセスを踏む必要があるのであり、特定の地域協働体のみを特別扱いしてNEPAプロセスを踏まずに実行に移すことは許されない。先のSMFCPプロジェクトの事例では、CBCとNPCW国有林が数か月間の協働によって望ましい状態に誘導するための目標と戦略案を策定し、ワシントンのFACA委員会で審議されたが、CBCと協働で策定されたプロポーザルについてもそうでないプロポーザルと同様に、NEPAによる通知とコメントのプロセスを経ている。実際にCFLRPのプロジェクトでプロジェクトの形成にあまり関与しなかった環境保護グループから訴訟が提起されたケースもある[6]。

このように地域協働体イコール地域全体のステークホルダーと見なすことができないため、プロセス的には地域協働体との協働プロセスはNEPAプロセスに取って代わるものではなく、追加的な位置づけに過ぎない。しかしながら、実質的には、協働プロセスにおけるステークホルダー間の相互学習や双方向の意思疎通が、有意義な国民参画を図る上において、極めて重要な部分を担っていると言って良いであろう。

③で、FACA委員会と見なされるための3条件：a）連邦政府がグループを設置またはグループの活動の管理・コントロールを行っていること、b）政府関係者以外の者がグループに含まれていること、c）グループがコンセンサスに基づく助言を連邦政府に行うこと、に不明確な部分があるため、「FACA恐怖症」が協働の妨げになっており、FACA委員会でない場合に

は連邦政府はその組織体とは「腕距離」が保たれ、協働の阻害要因となっていることが指摘されてきた[21]。一方で、森林局職員は議事録作成などの大きな負担が発生し、弾力的な実行が難しくなるFACA委員会の設置を避ける傾向があるとされるが、アップルゲートパートナーシップの事例では、FACAを意識して、森林局は当初の「参加者」から「客」に立場を変え、情報交換のために何回かの会合に参加するという程度（上記のButler［2013］の区分の「断続的」に該当）に姿勢を変えたという[21]。CFLRPの事例では、設立の経緯次第ではFACAに抵触する可能性もある「リーダーシップ」や「メンバーシップ」の関係がそれぞれ4例、2例ある。「参画」の関係の事例では、FACAを意識した上で、地域協働体と森林局の決定過程が明確に区分されるなかで相互に意見交換を行って森林局に相当なインプットを与えることができる「腕距離の協働（Arm's-Length Collaboration）」が行われており、この関係がバランスのとれた立ち位置と考えられる。実際、「リーダーシップ」や「断続的」の関係であるものも「参画」の関係に移行しようとする動きが見られるという[11]。

　一方、アイダホ州における9つの地域協働体のメンバー構成について見ると、森林局の職員がパートナーという形で入っているもの1件を除くと、正式メンバーとなっているものはなく、オブザーバーとして情報を与えるという名目で定期的に会合に参加しているケースがほとんどである。例えば、CBCの協働体の規定を見ると、森林管理署長または代理は、投票権は持たず、全ての協働会合に参加すること、森林局のプロセス、予算、法的制約についての情報提供や参加者の関心事項についての情報交換を行う、参加者の質問に答えることが規定されていることから[13]、上記のButlerの区分の「参画」の関係である。また、NPCW国有林の担当者に尋ねたところ、CBCの役割はFACA委員会のように森林局に助言をするのではなく、NPCW国有林に多岐にわたる国民の関心を知らせ、プロポーザルの策定、国民の支持の取り付けなどを行うとともに、森林局との関係を利用してプロジェクトの策定において議論となる数多くの問題点の解決策の追求や合意点を見出すことにあるという。森林局の職員は「FACA遵守のための鍵と助言」の指導文書に基

づき問題ない対応を心がけており、全ての決定権は森林局が有しており、策定されたプロポーザルに対して国民が自由にコメントできることを良く認識しており、FACAが協働の妨げになっているという指摘は全く当たらないという。また、Boise Forest Coalitionでも、12名のメンバーには2名の森林局の退職者が含まれているが、参加している複数の現役の森林局の職員はいずれもコンサルタントとして情報提供の役割にとどまっており、同じく「参画」の関係である[16]。このように、アイダホの地域協働体の事例では、ほとんどがButlerの区分の「参画」であり、現地のワークショップなどにおいても、一般的に地域協働体は自主的に設立され、官庁がその管理をコントロールしているものでないため、地域協働体がFACA委員会と見なされることはないと説明されている[12]。このように、FACAを十分に認識した上で協働が行われており、表面上はFACAが協働の阻害要因とはなっていない。

3）地域協働体のプロジェクトの策定・実施への影響

　伝統的なアプローチと協働型のアプローチでは、142頁の**図表1－2**に示したように政府職員の姿勢や考え方が全く異なっているのである。実際に、地域協働体の台頭が森林局のプロジェクトの策定・実施過程と森林局の職員の意識にどのような影響を与えているかについて、アイダホ州のIdaho Panhandle国有林のChristine Dawe次長は以下のように述べている。「地域協働体との関わりが我々の仕事のやり方を良い方向に変えた。地域協働体ができる前はNEPAプロセスを通じて国民の意見を聞く仕組であり、我々がプロジェクトを策定し、人々からそれについてのコメントをもらい、その後、コメントに基づいてプロジェクトの計画を修正するという順番であった。早い段階から地域協働体に参画してもらうことで、初めからより良いプロジェクトを策定することが可能になり、コメントへの対応という形よりも積極的になることができる。地域協働体がなければ、我々は依然として過去のやり方を行っていたであろう。（中略）地域協働体の素晴らしい点は、彼らが単に意見を言うだけでなく、我々を助けてくれる様々な分野の技術、資源、能力を差し出してくれることにある。」[22]

　また、CBCの設立と活動がNPCW国有林におけるプロジェクトの策定・実施にどのような影響を与えたかについて、NPCW国有林の担当者に尋ねたところ、以下のような同様にポジティブな回答が返ってきた。「NPCW国有林においては、CBCが出来たことで国有林の仕事の仕方が変わった。国有林のスタッフはCBCからの情報や意見を期待し、プロジェクトはオープンで透明性の高い方法で策定されるようになった。CBCは従来国有林による資金獲得が困難だったモニタリングや流域復元などのプロジェクトの財政支援を得るために活動している。CBCの多様なステークホルダーとの協働作業が、NPCW国有林が成功裡に復元プロジェクトを実施するための広範な国民的支持と社会的ライセンスを得るのに役立っている。そして、他のグループによる訴訟が完全になくなった訳ではないが、環境保護グループと木材産業グループの双方からの広範な支持を得ることができ、かつての訴訟の相手方との関係改善にも役立っている。」[23]

　一方で、協働体から見た場合の課題もある。IFRPは協働の課題として、①協働の実施が膨大な時間と努力を必要とし、ボランティアにとって大きな負担を与えていること、②協働体の維持のための予算の確保の努力が必要であること、③協働体の成果を森林局の事業実行に取り入れられるまでに時間がかかること、④常にコンセンサスが得られるとは限らないこと、⑤協働体の進言した内容の全てが森林局の決定に取り入れられる訳でないことを挙げている[13]。

4　地域協働体とアメリカ国有林（4）[1]

　本節では、アイダホ州のNez Perce-Clearwater（NPCW）国有林の事例を取り上げ、2012年の新計画規則に基づいた森林計画の改訂作業における協働の実態を見る。

1）新森林計画策定規則の策定

　初回の森林計画の策定過程における国民参加が形式的で一方通行であったなどの批判に対応するため、森林局は1990年代以降、幾度にもわたって

計画策定規則の改訂案を策定してきたが、合意を得ることができずに、その後の計画策定においても当初の1982年規則が継続して適用されてきた。一方、策定の全過程で双方向の協働を導入するという理念は、1999年に公示された計画策定規則案においてすでに導入されていた[5]。2012年の新規則の目玉としてこの考え方が改めて打ち出された。大規模な国民参加プロセスを経て策定された2012年の新規則では、策定の全過程で協働を取り入れることが謳われ、より低コスト、迅速、かつプロセス集中型でないことが目標とされ[24] [25]、先行導入者（Early Adopter）として選ばれた8か所の計画改訂について適用が開始された。

新規則と現在まで使用されてきている1982年規則との考え方の違いは、①効率性の向上（従来の策定期間・経費の5～7年、5～700万ドルを、それぞれ3～4年、3～400万ドルに短縮・削減）、②策定の全過程における国民参加と協働を強化、③評価、計画、モニタリングの順応型管理のフレームワークおよび生態系の回復力（resiliency）の向上対策により、気候変動等の外部ストレスへの対応力の向上、④火災、水、野生生物など国有林以外も含めて検討する必要のある問題があることを認識した全土地アプローチによる土地管理計画の策定、⑤生態的十全性の保全・復旧、火災に順応した生態系の復旧を含む国有林の土地と水の復旧の必要性の強調、⑥水資源、流域、湿地の保全の強化、⑦植物、動物の多様性、土着種の保全、生態系の十全性・多様性の保全、危機に瀕している種の保全のための科学的要件の見直し、⑧社会的経済的持続可能性の維持のための活力ある地域社会の創造のための支援、⑨重要な多目的利用としての、および社会経済的持続可能性に貢献する持続可能なレクリエーションの強調、⑩生態系サービス、文化的歴史的資源、原生保全地域、原生景観河川、先住民のための管理、⑪新規に森林単位および景域レベルにおけるモニタリングプログラムの実施、⑫評価の通知、計画決定、モニタリングプログラムの実施において最善の科学的情報を用いるという要件の追加の諸点である[25]。

2）NPCW国有林の森林計画の改訂作業における協働の導入状況

　NPCW国有林は、アイダホ州の東部に存在する200万エーカーの最大規模の国有林である。エルクやマウンテンライオンなどのユニークな野生生物が生息し、伝統的に木材産業とレクリエーション関連の産業が盛んな地域である。2つの国有林が統合されたこと、2007年に2005年の計画策定規則に基づいて改訂が行われたが、2005年規則が無効とされたために改訂計画も取り下げられた経緯がありその際のデータがあること、20年前に木材産業グループと環境保護派が激しく対立したが、近年の協働の取り組みが評価されたことなどから2012年の5月に新森林計画策定規則の先行導入者（Early Adopter）の一つに選ばれ、1987年に策定された現在の森林計画を新規則に基づいて改訂する作業を行うことになった。

　改訂作業は、アセスメント、計画の改訂、モニタリングというプロセスで策定が行われ、その全ての過程で協働を取り入れることとされた。2014年6月でアセスメントプロセスがほぼ終了し、7月から計画の改訂のプロセスが開始された。主要な経緯を追ってみる。2012年の春、郡政府の代表や協働策定に関心のある者によって協働森林計画戦略案についての議論が開始され、5月に戦略案が策定された。17頁からなる協働森林計画戦略には、協働のためのオリエンテーション会合、サミット会合、資源ワーキンググループ、コミュニティチェックイン会合、ラウンドアップ会合のそれぞれの進め方が詳細に書かれている。2012年9月からアセスメントプロセスが開始され、最初のオリエンテーション会合の後に、サ

Nez Perce-Clearwater国有林の位置

（出典：**25**））

図表1−6　森林計画改訂の3段階の継続的な協働プロセス

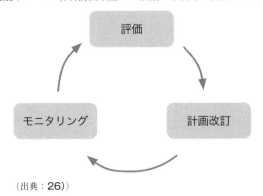

（出典：26))

ミット会合が開催され、その後テーマごとの資源ワーキンググループ会合が
開催されてきた。

　オリエンテーション会合は、各郡のコミッショナーとの会合、森林局の改
訂の考え方、新規則の内容、改訂のための協働プロセスに参加する者とそ
の参加のレベルなどについて話し合いが行われたほか、アイダホ大学教授の
ファシリテートによって計画策定規則や協働プロセスについての情報やア
セスメントと協働プロセスへの意見を求めるための地域住民との会合が5地
域で行われた。次いで、2012年の晩秋にNPCW国有林と郡との共同開催で
3日間の森林計画サミットが行われた。このサミットにおいても、アイダホ
大学教授が協働プロセスを開始するためのワークショップの設計とファシリ
テーター役を務めた。情報セッション、立場対関心のラーニングセッション、
共通のビジョンセッションに分かれて実施された。

図表 1-7 アセスメントプロセスの流れ

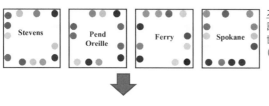

オリエンテーション会合
計画策定新規則と改訂プロセス・
協働プロセスの説明
（4か所の都市で夕方開催）

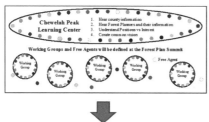

サミット会合
・情報セッション
・学習セッション（立場対関心）
・グループセッション（協働学習
　を通じての共通ビジョンの策
　定）

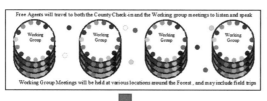

資源ワーキンググループ会合
・特定のテーマごとに開催
・協働でアセスメントや2008年
　の計画素案をレビュウ
・必要な変更点の提案
・それぞれの土地管理活動に適し
　ている箇所、不適な箇所の見極
　め

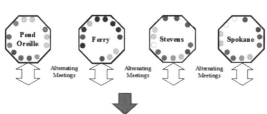

コミュニティチェックイン会合
・資源ワーキンググループと地域
　住民のコミュニケーションを促
　進するため、資源ワーキンググ
　ループに出席できない者のため
　の非公式な説明会
・オリエンテーション会合と同じ
　箇所で実施
・従来の住民参画会合と同様な性格

ラウンドアップ会合
・各資源ワーキンググループの成
　果を持ち寄る
　（地図の説明、考え方の説明、
　共通する区域を見出す）
・計画策定チームへの進言

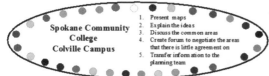

（出典：27)）

　その後、2012年10月から2014年4月まで計12回、月に一度の週末に地域の参加者とより広域レベルのビデオコンフェランスの参加者との資源ワーキンググループと称される協働セッションが実施されてきた。これらの会合は全て森林局職員がファシリテーターを務めてきており、毎回30〜50名が参加した。そのテーマは毎回異なり、文化資源・鉱物資源・大気の質、土地資源・インフラ資源、生態系サービス資源・水と水辺資源、陸上資源、流域・水圏・土壌資源、レクリエーション、木材・牧畜・野生生物と植物・ロードレス地域、山火事と可燃物、NEPAプロセスのスケジュール、木材収穫に適した地域、ROS（レクリエーション利用のゾーニング）、全ての資源の統合的レポート、先住民などとなっている。森林局職員はこの会合のために多くの時間と労力を費やし、協働学習を行いつつ、地域住民の知識と最新の科学的知見を組み合わせて管理経営についての提案が行われ、合意できない場合も様々な提案は決定者（森林局）の参考にされてきた。

　資源ワーキンググループは改訂協働体（Revision Collaborative）とも称され、参画の増大、コミュニケーションの拡大、情報交換、信頼の構築を図るために用いられている参画手法の一つであり、関心のある誰でもが参加でき、州政府職員、郡コミッショナー、先住民、一般国民、レクリエーション利用者、環境保護グループ、木材産業などが参加した。また、CBCのメンバーも何名か参加したが、CBCの組織としての参加はない。計画の内容案を提案する者、他の書類を持参して参加者と共有する参加者もいるが、基本的には計画の案は森林局側で全て策定する。そして、計画案を国民に提示した後は、その内容や資源状況などに応じて改訂協働体の提案内容が修正される場合もあるし、修正されない場合もあることになる。森林局がファシリテーターを務めており、地域協働体のような独立した固定メンバーの独立組織ではなく、毎回参加する者もいれば、特定のテーマの時のみに参加する者もいる。このため、改訂協働体もFACAに該当しない非公式な組織である。このようなワーキンググループに参加することができない者に対しては、改訂協働体が森林局のコミュニティチェックイン会合の開催を支援し、2013年2月には数多くの地域で会合が実施された。

　アセスメントステージでは、このように協働により森林計画アセスメントの策定、改善を行うと同時に、森林計画素案の資源コンポーネントへの意見も協働で策定されている。使用されている協働アプローチは、遠隔地の森に埋もれた小さな村落の住民から大都市の住民や国民全体の多様な関心についても捕捉できるように努められている。

　このため、「協働」は地域で実施される各種会合などの「対面型（face-to-face型）」のものに加えて、自宅や勤務先のパソコンからアクセス可能なインターネットを活用した「Eコラボレーション型」が併用され、二段のアプローチが取り入れられた。後者では、森林局の科学者や専門家に直接届く「コメントボックス」、face-to-face型セッションの前後に関心事項についての議論のやりとりが可能な「ディスカッショングループ」、参加者が地図の素案に事案の理解を図るための写真を添付することができる「協働マッピングツール」など多様な手法が取り入れられた。若者や会合に出席できない者、会合の場に慣れていない者、遠隔地の者など参画したい全ての者が参加できるように配慮された。

　このように初回の森林計画の策定作業はゼロからの策定であり、今回は既存の計画が出発点であるという点が異なっており、単純な比較はできないが、国民参画という観点で見た場合、2つの大きな違いがある。まず、参画が行われる期間が従来は、計画策定の後半、特に策定後の参画が主体であったが、今回は全過程での参画が標榜され、プレスコーピングのアセスメントという早い段階に2年間という期間が費やされている点である。もう一つは、従来は、森林局が内部の資源専門家を中心に案を策定した後にその情報を国民に提供して、それについて意見を求めるという受け身かつ一方通行の参画が主体であったが、今回は多様なステークホルダーの協働作業によって参加者自身が解決策を見出すのを支援するというオープンな双方向の参画アプローチが採られている点である。

　2015年の時点で今後の1年間で環境影響報告書素案を策定し、その後の1年間で最終環境影響報告書と決定記録（ROD）を策定し、合わせて4年間で終了することを目指していたが、実際はこれ以上の期間を要した。ちなみに、

初回の計画策定時には、公示から環境影響報告書素案の作成までに3年間、最終環境影響報告書の策定と決定記録（ROD）までに2年程度を要していた。今後も、現在まで行われてきているワークショップやEコラボレーションによる改訂協働体を介した協働策定作業は継続されるが、それに加えて、従来行ってきたNEPAプロセスに基づく公式なコメントの聴取作業が行われることになる。森林局は計画改訂を行う上で、NEPAプロセスを含めた全ての参画の方法を重要視しているのである。

3）地域協働体の成功の要因

　アイダホ州の各地で形成された地域協働体が成功裡に機能している要因としては、①山火事や経済的没落などの地域の危機という切迫した共通の敵への対処という強い共有目標があること、②協働体に地域の幅広い関係者が参画していること、③森林局等によるCFLRPとしての競争的な財政的支援措置をはじめとして、管理契約（Stewardship Contracting、145頁参照）など各種支援措置のインセンティブの存在、④森林局が地域協働体の会合に積極的に参加して情報提供を図っていることなどが挙げられるであろう。特に、②の幅広い関係者の参画は重要である。第1章2節で見たように、アイダホ州の9つの地域協働体の多くがかつて激しく対立した木材産業と環境保護グループに地域住民組織を加えた3者を中心とし、これに地元出身の政治家、先住民、レクリエーション利用者などの異なる立場・利害を有する者から構成されており、これが地域の知恵を結集する上で力となっている。「異なる利害と価値観を持った者から構成されるという多様性が資産である。協働を行う力の源泉は異なる考え方の多様なステークホルダーが共に解決策を見出すというところから来る（IFRP）[13]」としており、考え方や立場の多様性が高いほど、合意形成の道のりは険しいことが多いが、その分幅広い観点から検討された強固な成果物を得る可能性が高いため、多様なステークホルダーから構成された協働体ほど優れた解決策を見出す可能性があると言えるであろう。

　また、森林計画の策定過程への国民参画の成功の鍵として、①事案につい

て理解し、グループのプロセスが効率的に機能するために協力する用意のあるメンバーからなるグループであること、②単なる情報共有や質疑ではなく、グループの全メンバー同士が関わるような建設的な会合が行われること、③グループの目的と最終成果物が明確であること、④決定権者が常に参加することでグループの努力が官庁に真剣に検討されるという期待が高まること、⑤最新の信頼できる情報に基づくことで信頼性が高まること、⑥参加者への配慮や飲み物等の支給、⑦他者を知る経験が結論を導くのに有益なこと、⑧（長く居住している地域住民は、国家的NGOや森林局のレンジャー以上に熟知していることがあるため）国家レベルの視点の意見は拾わず、地域レベルの共通目標に専念すること、の諸点が指摘されている[28]。

　アイダホ州の多くの地域協働体では、会合に森林局職員が毎回参加しており、④の点を満足させている。また、森林局の国民参画における成功要因を分析した25件の研究結果を取りまとめた研究によれば、成功要因として挙げられた件数は、プロセスのデザインの面では、的確なファシリテーターまたはコーディネーターの存在14件、焦点を絞った視点と現実的な目標13件、包括的な持続的なプロセス12件、財政支援12件、広範な参加10件（阻害要因としたもの6件）、十分な科学的技術的情報9件、協働の技法の訓練8件、明確な決定・プロセスの規定7件（阻害要因としたもの2件）、平等な権限と影響力4件、結果のモニタリング・順応型管理4件、コンセンサスによる決定3件（阻害要因としたもの3件）となっており、参加者の特質では、森林局のスタッフによる支援と参加15件、協力的で熱心な参加者12件、参加者間の信頼12件、参加の継続性7件、強いリーダーシップ7件、場所の感覚4件、紛争を解決しようという強い動機4件となっており、また、状況の特質では、森林局のスタッフの支援9件、地域の資源6件、紛争のレベルが低～中程度5件であった[3]。アイダホ州の地域協働体では、財政支援、広範な参加、森林局のスタッフの支援と参加などこれらの多くの要件が該当していると考えられる。

4）協働のメリット・デメリット

　25年間の取り組みを振り返って環境諮問会議（CEQ）が、官庁側の立場から、NEPAプロセスにおいて「協働」を取り入れることの得失を分析している。これによればメリットとして挙げられるのは、①より良い情報を得る、②より公正なプロセス、③より良い統合、④紛争予防、⑤より良い事実発見、⑥社会的資本の向上（信頼性の構築など）、⑦実行の容易化、⑧環境管理の向上、⑨訴訟の減少である。そして、協働を取り入れることでうまくいく場合は、リード官庁のリーダーシップ、代替案に十分な選択範囲があるなどの要件が揃う場合であるとしている[29]。一方で、多大な財政的支出とプロセスへの参加の多大な負担を必要とするほか、官庁のなかで協働を行うことについての様々な制約（資源不足、スケジュールの遅れ、経験不足）あるいは、関係者の間の不信の存在が協働の阻害要因となっている[29]。また、訴訟や紛争に訴えるグループも依然存在しており、協働によって必ず訴訟や紛争を減らせるとは限らない。

　本章で事例として取り上げたアイダホ州のケースでは、プロジェクト実行のレベル、森林計画の改訂のレベルのいずれにおいても、協働計画策定は森林局の現場の職員にとって、NEPAプロセスにおける追加的な業務負担となっている。しかしながら、2つの国有林の事例では、地域協働体の台頭によるプロジェクトの協働計画策定・実施が、森林局の仕事のやり方や職員の意識を変え、国民的支持や社会的ライセンスを得る手段としての協働のメリットへの期待が高まっていることが確認できた。NPCW国有林の計画改訂作業における協働ワークグループ会合での情報交換はとりわけ時間と労力を伴うものであったが、協働プロセスによって醸成された信頼と国民との情報交換が、決定後における異議を減らし、訴訟を減らすことができると考えられている。これまでの協働体の取り組みが今後のNEPAプロセスにどのような影響を与えるか注目される。

5）ガバナンスと公平性

　1〜3節で見たCFLRPなどのプロジェクトの策定・実施の事例は、実質的には地域主導型で実施されていると考えられるが、制度的には、NEPAプロセスの遵守義務を有する決定権者としての森林局によるガバナンスが基本にあるケースである。一方、より上位に位置づけられている森林計画の改訂作業の方には、地域協働体が深く関与している事例は見出すことができず、むしろ森林局主導で地域住民の参画を促進させる手段として協働を導入して計画改訂が実施されているという印象を持った。これは、地域協働体は一般的に属地的な活動を決めるものではない森林計画の改訂よりは、直接雇用や地域の環境につながる現場のプロジェクトの方に関心があるためではないかと推察する。

　CFLRPプログラムのガバナンスの状況を調べた研究においても、CFLRPの立案に当たっての地域協働体と森林局の役割分担はプログラムによって差があることを見出しており、地域協働体が何年もかけて合意を練り上げたとしても、森林局の決定権限は別にパラレルに存在しており、FACAやNEPAプロセスの前に特定の決定をすることができないことなどとのバランスをどう図るかという点が課題であることを指摘している[6]。この点について、西部州知事会（WGA）の森林健全化委員会は、協働型の問題解決は全てのNEPAプロセスで行われるべきであるが、フォーマルなNEPAプロセスが開始されると協働は限定的に行わざるをえないとステークホルダーも官庁職員も一般的に考えているため、環境諮問会議（CEQ）の発行している協働ハンドブックにおいて、景域レベルの森林復元の実施に当たってのNEPAプロセスの全過程での協働型の問題解決のやり方、協働の過程におけるFACA等の抵触の防止対策を明らかにすること、また、連邦政府が広域の景観復元プロジェクトについての協働計画を策定することを提言している。このように協働プロセスとNEPAプロセスとの併存による煩雑性を解消するため、協働プロセスの透明性を高め、全てのステークホルダーが参画する機会を与えるなどの公平性を確保するための要件を全過程で満たすような協働型に対応した仕組みが望まれる。**図表１−８**に示したように地域協

図表1−8　地域協働体、森林局、その他の国民の関係のイメージ

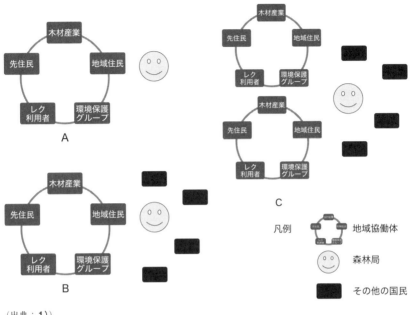

（出典：1））

働体以外のその他の国民が存在するケースがあるためであり、そのための配慮が必要なのである。

6）我が国の地域再生に向けた教訓

　アメリカでは2010年から森林局の「協働森林景観復元プログラム（CFLRP）」が実施され、地域協働体（Local Collaborative）との協働による地域再生と生態系復元を目指す取り組みが進められていることを見た。アイダホ州では、特定の利害との癒着を防止するための牽制的な仕組みである連邦諮問委員会法（FACA）があるため、いわば地域協働体と森林局国有林が付かず離れずの関係ともいうべき「腕距離の協働（Arm's-Length Collaboration）」が行われ、地域協働体がプロジェクトの策定・実施に大きな役割を果たしている。また、Nez Perce-Clearwater（NPCW）国有林の森林計画の改訂作業では、FACAが協働の取り組みの障害とはなっておらず、

アセスメントの段階からオープンな協働が行われ、協働が国有林の仕事のやり方を良い方向に変え、ステークホルダー間の信頼の構築と国有林事業の社会的支持の獲得などのメリットをもたらしている。

　また、本章1節で述べたように、アメリカでは1960年代に多様な価値のバランスを図るための政策が始動していたが、我が国では森林政策＝林業政策＝木材生産のための政策という考え方、およびこれにより「予定調和」的に保全機能も確保されるという思想が長らく支配的であり、相反する価値のバランスを図る「予定調和」ならぬ「計画調和」[30)]の思考回路が我が国の森林政策に本格的に取り入れられるのは、「持続可能」という思想が国際的に受け入れられるようになった21世紀初頭まで待たなければならなかった[30)]。ステークホルダーの「協働」がこのような政策を実現するための重要な鍵であることが、今日では広く認識されるようになり、自然保護協会、地元組織、関東森林管理局が協働して生態系の復元のための計画策定を行っている赤谷プロジェクトなどの取り組み事例も見られるようになった。しかしながら、病害虫や野生生物被害の拡大などに見られる生態系の回復力の劣化と深刻な限界集落化の進行という喫緊の課題に対応するためには、我が国でも地域のステークホルダーの協働による生態系復元と地域の経済再生を一体的に支援するような強力な施策が講じられることが望まれる。

　また、国有林が一般会計化されて「国民の森」としての性格を明確にしてからすでに多くの年月が経っているが、地域レベルの森林計画のパブリックコメントによる参画は依然単なる手続きとして形骸化しており、森林計画の社会的認知が低い状況は変わっていない。筆者が国有林の現場に勤務していた1992年当時に導入したモニター制度が現在では全森林管理局レベルで取り入れられるようになったが、国民の森の国民参加による計画策定の取り組みとしては、緒に就いたばかりであると言わざるを得ない。流域管理、生態系管理、地域振興などの多角的な観点からの具体的な政策オプションを地域社会が協働で見出すことを支援するような包括的な内容の森林計画への拡充と策定過程への斬新な協働の仕組みの導入を行うことが、森林計画の社会的認知と森林事業に対する社会的支持を得るために望まれる。

第2章

自然の恵み（生態系サービス）を売る

1　環境サービスを売る森──ボスコリミテ（その1）[1)]

1）世界初の生態系サービスの認証林

　イタリア・ベネト州のヴェネチアやカステルフランコベネトからほど近くに、ボスコリミテという森がある。空から見た写真を見れば、畑に囲まれた何の変哲もない広葉樹の木立に見える（**写真①**）。しかし、この2ヘクタール余りのちっぽけな森は、世界で最初にFSCの森林生態系サービスの認証を取得し、様々な生態系サービスの販売収入による管理経営を行うことによって、以前のトウモロコシ畑よりも高い収益をあげている驚くべき「サービスを売る森」なのである。

　ボスコリミテの林内には水路が設けられており、ただの森ではないことにすぐ

①ボスコリミテと周辺のトウモロコシ畑
（提供：Brotto Lucio）

に気がつく（**写真②**）。実は、この場所の取り組みの契機となったのは、農業の大量水消費によって湧き水の枯渇が発生したことに端を発している。このため、近隣の河川の余剰水を活用し、浸透によって浄化された水を生むための森として造成されたのである。本箇所はベネチア低地の森林所有者協会（AFP）に属しており、2017年に他のAFPの森とともにFSC認証を得た。さらに、AFPは北イタリアのボルツァーノにある多くの小規模森林所有者の認証団体であるWaldPlusに加盟し、2018年12月には炭素固定・貯蔵、生

②ボスコリミテの林内の状況　　　　　　　　　（2019年11月撮影）

物多様性保全、水源保全、土壌保全、レクリエーションの5つの生態系サービスについての認証を得た。この結果、これらの生態系サービスについての支払いを得ているだけでなく、周辺地の不動産価格が5%上昇するなどの好影響も出ているという[2]。ボスコリミテの詳細については次節で述べることとして、本節ではその前段として生態系サービスの認証の仕組みについて見ておこう。

2）生態系サービスの認証とは？

　各地で劣化が進みつつある生態系サービスの保全・増進に努めている森林所有者や地域コミュニティに対して金銭的・非金銭的な報酬を提供する「生態系サービスへの支払い（PES）」という政策手法が注目されている[3]。しかしながら、PESと称されている取り組みには多様な形が存在しており、もとより多くの困難が存在することも事実である。その一つは、生態系サービスの保全・増進をいかに見える化するかである。このため、特定の森林が明視的に生態系サービスを保全・増進するために管理されていることを証明するための市場的な仕組みが、生態系サービスの認証である。生態系サービスの認証を行うことによって、購入者と販売者の取引費用の削減と透明性の向上、森林所有者等の生態系サービス関連の指標のモニタリング能力等の向上、地域住民等の関心の確保などのメリットが期待される。

　このことから、森林認証スキームやNGOなどは、森林の生態系サービスの提供についての貢献を明確にするために認証を行う仕組みづくりに取り組んできた。炭素や特定の生態系サービスについてはいくつかの認証の仕組みが生まれているが、全ての生態系サービスの認証に乗り出しているのは今のところFSCのみである[4]。すなわち、FSCでは台頭する生態系サービス市場において、森林所有者等の新たな報酬につながるような認証の適合構築の試行のために、UNEP（国連環境計画）や国際的な資金メカニズムであるGEF（地球環境ファシリティ）の支援の下で、2011年からForCES（Forest Certification for Ecosystem Services）と称されるプロジェクトを実施してきた。生態系サービスの市場需要を評価して森林管理認証プロセスのなかに取り入れる新たな国家標準要件のセットを開発することを目的として、チリ、インドネシア、ネパール、ベトナムにおいて、10のパイロット試験が行われた。その結果、炭素固定・貯蔵、生物多様性保全、水源保全、土壌保全、レクリエーションの5つの生態系サービスの影響についての新たな指標セットが開発された。

3）FSCによる森林生態系サービスの認証の仕組み

　これらを基に、2017年には「生態系サービス手順：影響立証と市場ツール」が公表された。これによって、FSCの森林管理認証の保持者は、自らの森林管理が生態系サービスに与えるプラスの影響を立証することが可能となった。これは、**図表2−1**に示した7つの段階で行われる[5]。それぞれの生態系サービスごとに一つ以上の「影響（impact）」を選び、それについての「成果指標（outcome indicator）」を一つ選んで、当該指標を維持・保全または復元・向上させる管理活動についての「変化の理論（theory of change）」を策定し、それを実証するのである。**図表2−2**は、これらの影響と成果指標の例（抜粋）である[5]。

図表2-1　FSC森林認証において生態系サービスの影響を立証するための7つの段階

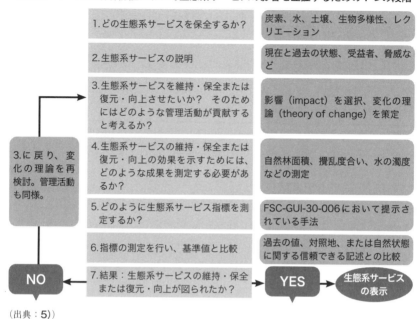

1.どの生態系サービスを保全するか？	炭素、水、土壌、生物多様性、レクリエーション
2.生態系サービスの説明	現在と過去の状態、受益者、脅威など
3.生態系サービスを維持・保全または復元・向上させたいか？　そのためにはどのような管理活動が貢献すると考えるか？	影響（impact）を選択、変化の理論（theory of change）を策定
4.生態系サービスの維持・保全または復元・向上の効果を示すためには、どのような成果を測定する必要があるか？	自然林面積、攪乱度合い、水の濁度などの測定
5.どのように生態系サービス指標を測定するか？	FSC-GUI-30-006において提示されている手法
6.指標の測定を行い、基準値と比較	過去の値、対照地、または自然状態に関する信頼できる記述との比較
7.結果：生態系サービスの維持・保全または復元・向上が図られたか？	

3.に戻り、変化の理論を再検討。管理活動も同様。

NO　YES　生態系サービスの表示

（出典：5））

図表2-2　FSC森林生態系サービス認証で示されている影響と成果指標の例（抜粋）

生態系サービス	影響（impact）の例	成果指標（outcome indicator）の例
生物多様性	自然林の面積の復元、原生林景観の保全、生態学的に十分な保全地域網の維持、自然林の特徴の保全、自然林の特徴の復元、種の多様性の保全、種の多様性の復元	管理区画全体における自然林の面積、原生林景観の面積、管理区画内外の保全地域網のサイズ、攪乱度合い、森林の齢級、種の集合または構成の指標
レクリエーション	レクリエーション及び／または観光のために重要な地域の維持／保全、自然を活用した観光のために重要な種の個体数の維持／保全	自然に親しむレクリエーションのためのアクセス可能な保護区、訪問者の満足、象徴的な種の目撃数
炭素隔離・貯蔵	森林の炭素貯蔵機能の保全、森林の炭素貯蔵機能の復元	管理区画全体に渡って推定される森林の炭素貯蔵量
土壌保全	土壌状態の維持、土壌状態の復元、森林再生／復元による土壌侵食の減少	土壌の有機物層の厚さ、管理区画全体における自然林の面積
水源保全	水質の維持、水質の向上、流域の水流調整・浄化能力の維持、流域の水流調整・浄化能力の復元	水の濁度、水温、溶存酸素量、水のpH、河川の健全性を示す生物指標、関連流域と重複する管理区画における自然林の面積、残存する自然湿地の割合

（出典：5））

2　環境サービスを売る森──ボスコリミテ（その2）[6]

1）きれいな水を生み出す「森林浸透区域（FIA）」

　ボスコリミテは、農業による大量水消費などによって起こった湧出水の枯渇に対処するため、長年営まれてきたトウモロコシ畑を森に転換した箇所である。近くを流れるブレンタ川から、秋～春の灌漑が行われない時期の余剰水を取り入れ、沈殿池を経由して林内に7～8m間隔に櫛状に張り巡らされた水路に誘導している。2013年に、水路の周囲にヨーロッパナラなど15種類の広葉樹が植栽された。現在では樹高が5～8mほどになり、恒久的に天然更新・択伐方式で管理されることになっている。

　本サイトは、EUのLIFE ACQUORプロジェクトの支援を受けて、ベネト農業委員会のグスティーノ博士が開発した森林浸透区域（Forest Infiltration Areas／FIA）モデルを適用したものである[7][8]。FIAとは地下水の帯水層に水を再び満たすために、森林造成区域内に水路を設置して地表水を引き込む方法である[9]。2007年にビチェンザ地区の農地で最初に実施されて以降、樹木の根系および共生微生物による水の浄化など多くのメリットを生むことが分かり、地下水のレベルの回復と湧泉の枯渇防止のための戦略の一環として推進されてきている[10]。ベネト台地地域では一定の境界から上流の地下帯水層が一

樹林内の水路　　　　　　　　　　　　（2019年10月撮影）

植栽木の状況　　　　　　　　　　　　　　　　（同上）

体的な構造となっている区域に限ってFIAが設置可能であり、グスティーノ博士によれば、本箇所を含め地域に12か所ほどが設置されているという[8]。

2)　生態系サービスの認証の実際

　本サイトは、パドヴァ大学農林システム学部のスピンオフ企業として、国内外で自然資源の価値化に取り組んでいるエティフォー（ETIFOR）が管理している。ETIFORの持続可能投資担当のピナート氏によれば、本箇所の生態系サービスの認証は、トウモロコシ畑との比較であったために比較的に容易であったという[7]。どのような成果指標と手法が用いられたのか簡単に見ておこう。生物多様性保全については、成果指標として森林面積を用い、単純にトウモロコシ畑への森林への転換を示すことで足りた。森林炭素貯蔵については、管理ユニット区域内の推定炭素貯蔵量を成果指標として用い、IPCCの手法に基づいて計算された（植林前は森林がなかったためゼロ）。流域の水流調整・浄化能力については、流域内の森林面積と年間に帯水層に浸透する水の体積を成果指標とし、浸透のための水路と森林があることを示し、圧度計などを用いた科学的な水の計測が行われた。土壌保全については、森林の樹冠・地表植生がある土地と有機炭素の含有量（%）を成果指標とし、新たな森林造成を示すとともに、地域のトウモロコシ畑と森林の有機炭素の含有率についての研究データが用いられた。植林による土壌荒廃の減少については、同じく森林の樹冠・地表植生がある土地、有機炭素の含有量（%）、土壌荒廃の推定量を成果指標とし、同様に新たな森林造成を示すとともに、地域の異なる土地利用の土壌荒廃量についての研究データが用いられた。また、レクリエーションについては、アクセスが可能な区域とイベントにおける訪問者数を成果指標とし、前者についてはアクセス不可区域が全域アクセス可能とされたこと、後者については訪問者数が用いられた。

3)　農業を上回る生態系サービスの収入＋α

　本箇所の管理経営の責任者であるETIFORのブロット氏は、様々な生態系サービスからの収入の流れを作ることで、農業以上の収益が上がるような

野心的な生態系サービス経営を進めている。本箇所の30年間の投資額は、FIA関係、植林・管理、教育など15万ユーロ（年額約63万円）、現在純価値は885ユーロ／ha・年（約11万円）と試算されており、EU委員会の支援の削減によるトウモロコシ畑の年間純益の減少もあ

企業による植林箇所の表示。「気候への影響を減らす超自然的な企業」と表示されている
（2019年10月撮影）

り、保守的な見通しながら森林として管理した方が有利と考えられている[7]。

　生態系サービスの収入の流れをみてみよう[7]。まず、水については、6年間に753.6万㎥の浸透水を生み出す計算であり、これに対して地域の水委員会が、インフラ整備費用：40,000ユーロと水の再チャージ代1,200ユーロ／ha,年、を含む68,000ユーロ／10年間（年額約85万円）を支払っている。また、EUから生物多様性保全への対価として、植林・管理費用および農業収入の減少に対する補償代として、44,000ユーロ／15年間（年額約37万円）が支払われている。炭素隔離・貯蔵については、いわゆる樹木のアドプション（養子縁組）を行う企業や一般市民によって、それぞれ1,000本（12.5ユーロ／本）、215本（30ユーロ／本）が植栽され、初年度に19,000ユーロ（約237.5万円）が支払われた。支払いを行った企業には、国際企業も多く含まれている。本箇所を含めてウェブサイト上で各地の対象地が説明され、これらのなかから好みの箇所を選んで、ギフトや楽しみとして植樹できる仕組みになっている。また、新たなレクリエーション区域の設置に対して、市から15,000ユーロ／10年間（年額約18.8万円）が支払われている。区域には人々が自由に入ることができ、キノコ以外の野生のハーブなどの採取が許されている。イベント等の機会に人々や子ども達のグループが訪れ、年間訪問者数は1,600人に上っている。キノコについては、残存するポプラの大径木に生える食菌やトリュフの採取が経営者の追加的な楽しみになっている。このほか、将来

的には、薪炭材や択伐による木材の収入が見込まれる。さらに、2021年9月からは、本箇所を3～5歳の子ども達を対象とした森の学校の経営主体に貸付する予定もあり、森をフルに活用するボスコリミテのビジネスの行方に目が離せない。

3 新たなビジネスモデルを目指すシンシア（SINCERE）プロジェクト[11)]

1）シンシア（SINCERE）プロジェクトとは

森林が生む自然の恵み（森林生態系サービス、FES）関連の研究プロジェクトが欧米では複数実施されている。本節では、それらのうちのSINCERE（**S**purring **IN**novations for forest e**C**osystem s**ER**vices in **E**urope）と称されるプロジェクトを紹介する。SINCEREは生態系サービスについての斬新な政策と新たなビジネスモデルを開発する目的で、EFI（ヨーロッパ森林研究所）のボン事務所に本部を置いて2019年から3年間実施された国際研究プロジェクトである。滞欧中にSINCEREが主催・支援するいくつかの研究集会に参加する機会を得たので、これらの内容を含めて紹介する。

2）ケーススタディの概要

図表2－3に示した11のケーススタディがヨーロッパおよび南米の9か国で実施されている（2021年現在）。各ケーススタディでは、地域の鍵となるステークホルダーとともに、森林生態系サービス（FES）を提供するインセンティブとなるような様々な革新的な仕組みづくりを通じて、森林所有者や管理者、社会の広いニーズに役立つ手法を模索している。

図表2−3 シンシア（SINCERE）プロジェクトのケーススタディの概要

取り組みテーマ	内容	実施機関／地域・国
1.リバースオークション（競り下げ方式の入札）による生物多様性保全	狩猟区域の修復・イノシシの被害防止のための緩衝帯の設置について、供給者が入札に出し、政府が買い上げる仕組みの構築	OC-ANB／フランダース・ベルギー
2.生態系サービスの価格化についての法定化	水源保全と景観の価値の価格化、州法への反映	DFB／ビィズカイヤ郡・スペイン
3.景観・レクリエーション価値取引	森林所有者による自主的な景観・レクリエーション価値を高める活動に対する訪問者や事業者による支払い	LUKE／クサモ・フィンランド
4.多目的な森林利用契約	森林の借用者による多目的な森林利用契約を可能にし、収入増とバランスのとれた生態系サービスの実現が図られるよう、支援サービスや調整サービスを森林法に明記	グレィホース 馬術クラブ・CEPF RAS／ロシア
5.水のための森	地域の森・水・都市の統合的計画と森林基金などの創設による生態系サービスへの支払い（PES）の構築	CPF／カタロニア・スペイン
6.都市への水源保全サービスへの支払い	クスコ市の水料金の一部を近郊のピュレィ湖付近の地域住民が提供する生態系サービスへの報酬に使用	CIFOR／ペルー
7.リバースオークション（競り下げ方式の入札）による生物多様性保全	私有林所有者が生物多様性保全に貢献できるような公的助成金の効率化・再編	DFA／デンマーク
8.スピリチュアルな森（森林墓地）と森のようちえん	森林墓地を森林経営に組み込むことによる、森林所有者主導でのPESの構築	パンベルンAG／スイス
9.都市郊外の保護林の健康のための利用とPES	首都ザクレブ郊外の自然公園での営業料の徴収や募金箱の設置による健康のための利用の評価と価格づけ、同時に、利用者の意識変革	PINPM／クロアチア
10.森林生息地・生物多様性の支払いスキーム	関係者の協働による、FSC認証を受けたポプラ林の一部の自然林保全に対する支払い	ETIFOR／イタリア
11.レクリエーションPESによる持続的な森林管理	野生キノコの採取レクリエーションの許可券の販売と野生キノコ（ボレタス）のブランド化	CCP／イタリア

（出典：12）を参考に作成）

3）最近の活動から

SINCEREの活動は極めて多岐に及ぶが、本節では最近のプロジェクトの活動の一端を紹介する。2019年10月、チェコ・プラハにおいて、SINCEREのイニシアティブによって、近年国際的に関心が高まってきている森林のスピリチュアルな価値に着目したアジア・欧州「学習ラボ・相互交流ワークショップ」が開催された。日本を含むアジアからも研究者が参加して興味深い議論が行われた。焦点となったのは、スピリチュアルの再定義（re-spiritualization）が起こっているか否かであった。詳細については第2編第2章第6節で紹介したので、そちらを参照されたい。

プロジェクト実施期間の折り返し点を迎えた2019年12月には、イタリア北部の城塞の美しい町、カステルフランコベネトで総会が開催され、各ケーススタディサイトの取り組みの進捗状況についての報告と質疑が行われた。筆者もイギリスのグリーンボンドの専門家とともに招かれ参加し、日本の森林サービス産業の動きについて紹介したところ高い関心を持たれた。

パドヴァ大学所有文化財のVilla Parco Bolascoで開催された総会の一コマ
（カステルフランコベネト・イタリア、2019年12月撮影）

コロナ禍の拡大初期の2020年2月末には、ヨーロッパのいくつかの研究プロジェクトが主催し、SINCEREが支援を行った「複数のFESの管理についての国際会議」がボンで開催された。異なるFESのトレードオフやシナジーをいかに管理するかなど、統合的な森林管理のアプローチの現状と進展が主なテーマであった。現地視察で、ドイツでは私有林は自由アクセスが義務づけられているが、現状ではそれに対する補償が一切ないことを若い森林所有者が話していた。これに関連して、「多目的なサービスのために管理するヨーロッパ

の森林の将来」をテーマとしたパネルディスカッションのなかで、ドイツの連邦食糧農業省のエバ・ミュラー氏が、生態系サービスを担保する活動に対する補償についての検討を始めていることを明かしていた[13]。

雪の中のコットンフォレストにて（ボン郊外）。右は説明する森林所有者。右から2人目がSINCEREコーディネーター／EFIボン事務所長（当時）のウィンケル氏。　　　　　　　　　　　（2020年2月撮影）

また、EUグリーンディールや生物多様性戦略の策定を受けて、EU森林戦略2030の策定を控えた2020年12月に、新たな政策がヨーロッパの森林のレジリアンスと持続可能性、FESの供給に与える影響について議論するため、SINCEREとEU統合ネットワーク（European Integrate Network）の主催によるウェビナーが開かれた。このなかでは、森林が役割を果たす新共通農業政策（CAP）の新たなエコ・スキームの紹介や、環境影響の低減、FESの需給の向上、生態系サービスへの支払い（PES）などの財政的インセンティブの促進策が森林戦略に盛り込まれることについての期待などの報告がなされた。

4　ポルチーニキノコの聖地：ボルゴバルディターロ（その1）[14]

1）10人に1人がキノコ狩りをする国

本節ではイタリアでの野生キノコの取り組みを取り上げる。

イタリアでは、北欧のような森への自由アクセスの慣行はなく、私有地に立ち入るには所有者の許可が必要であり、キノコ狩りを行うにはチケットの購入が必要である。イタリア人の間ではキノコ狩りはとても人気の高い余暇活動であるが、遭難者も年間150人程度出ている。ビダーレが実施したアンケート調査の結果では、キノコ狩り人口は公式データの50万人よりもずっと多く、人口の11%にあたる690万人に上り、そのうち販売する者は5.5%

であり、ほとんどがレクリエーションを兼ねた自家用採取である[15]。なお、この数字にはより難度の高いトリュフは含まれていない。

2）野生産品で唯一の地理的表示保護（PGI）によるブランディング

　生ハムやパルメザンチーズで有名なパルマの町から南に100kmほどのところに、人口4,000人ほどのボルゴバルディターロという小さな村がある。この村は、前節で紹介した森林生態系サービスによる斬新なビジネスモデルの追求を行っているSINCEREプロジェクトのケースタディサイトの一つでもある。街の中心に教会があるイタリアではどこにでもあるような街並みの村であり、日本の里山林に似たクリやナラの小径木からなる森に囲まれている。しかしながら、この森はヨーロッパで最も人気のあるキノコの一つであるポルチーニキノコ（Boletus）を多産し、かつこの地域産のものは、EU委員会の地理的表示保護（PGI[16]）を野生産品で唯一獲得してブランディングに成功しており、また、キノコ狩りチケットの収入を森林整備に還流する画期的な仕組みも構築しているのである。

イタリア・エミリア・ロマーニャ州ボルゴバルディターロの街と周辺の景観　　　　　　　　　　　　　　　　　　　　（2019年10月撮影）

3）イタリア初のキノコ狩りチケットの導入

　ボルゴバルディターロでは、地元のキノコ・コンソーティアムのモルター

レ氏の発案でコミュニティ林を対象として、1963年からイタリアで初めてキノコ採取についての支払い制度が開始された。最初は、採取者がその都度所有者に採取許可を申請して対価を支払う仕組みであった。その後、1970〜80年代にレクリエーション目的でキノコ採取を行う人々が増えはじめ、1994年から現行のチケット制度がイタリアで初めて導入された。そして、マーケティング戦略が功を奏して、1996年にはコミュニティの所有する1万3千ヘクタールについて、地理的表示保護（PGI）の認定を受けた。

36年間キノコの研究をしているモルターレ氏（右）と菌類の専門家のビダーレ氏（左）　　　　　（2019年10月撮影）

4）木材収入を超えるキノコ関係の売り上げ

ポルチーニキノコには赤や茶などの異なる種類があるが、いずれも同様に利用されている。採取時期は5〜11月で、9〜11月の初雪までが特に収穫が多い。著名度が高いボルゴバルディターロのキノコの需要は極めて高く、シーズン中の土日は高速道路の出口が渋滞するほどキノコ採りの人々で賑わう。キノコ狩りチケットの売り上げは年によって変動するが、チケット収入のみで年間数億円を超える年もあるという。ちなみに、2019年の10月時点でのチケットの

ボルゴバルディターロの中心街で採れたてのキノコや加工品を販売する店　　　　　（2019年9月撮影）

加工品もIGPマーク付きのものはプレミアム価格で販売
される　　　　　　　　　　　　　　　（2019年9月撮影）

販売数は5万枚であった。村内の販売店では毎日採取者からキノコを買い取っており、訪問時は35ユーロ／kgで販売していた（買い取り額は15〜20ユーロ／kg）。コミュニティ林の木材（薪炭材）の収入が52ユーロ／haであるのに対し、採取チケット収入は267ユーロ／haと5倍以上である[17]。また、キノコの小売り段階での販売額は年間60〜120万ユーロ、薪炭などのエネルギー利用の木材は130万ユーロである。キノコ採取チケットと野生キノコ産品の販売額が木材販売額を上回っているのである。

5）採取チケットの仕組みとルール

ボルゴバルディターロでは、資源保護の観点からキノコ採取が可能な日は、火、木、土、日の週4日と決められている。コミュニティの人は無料、それ以外の村内の人は10ユーロ／日、村外の人は20ユーロ／日（シーズン券は250ユーロ）となっている。1人3kg／日までとされ、木製の籠で採取し、採取後はきれいに埋めておくことが規則で決められている。また、2センチ以下のものは採取禁止である。チケットは2枚に切り離し、

ハッピーチケットを発行しているホテルの玄関に
貼ってあるオンラインでのチケット購入の案内
　　　　　　　　　　　　　　　（2019年9月撮影）

1枚は駐車する車に表示し、もう1枚は携帯することとされている。ボランティアの人達が巡回に回っており、違反が見つかった場合の罰金は250ユーロである。また、村内のホテルに2泊以上すると、ハッピーチケットと呼ばれる採取チケットが無料で発行される。チケットは、村内のゲートなどで販売されているが、インターネットでも購入できる仕組みになっている。村にはキノコのガイドが8名おり、案内料の150ユーロを支払えば現地に案内してくれる。

5　ポルチーニキノコの聖地：ボルゴバルディターロ（その2）[18]

1）キノコ採取者はどんな人達か？

　ポルチーニキノコはヨーロッパには広く分布するキノコであるのに、どうしてこの村においてのみブランド化によって多額のチケット収入を得る仕組みが可能になったのだろうか？　採取者はどのような人達なのであろうか？　これらの疑問を解決するために、2019年9～10月に何度か現地を訪れ、採取者に対するアンケート調査や関係者からの聞き取りを行った。

アンケート調査に協力してくれたキノコ採取の人達
（2019年10月撮影）

　アンケート調査を行った10月上旬は、9月の調査時と比較すると来訪者は8割から9割減と極端に少なかったが、一定の傾向を把握することができた。年齢層は、40歳代以上の幅広い年齢層に及んでおり、ボルゴバルディターロから車で2時間ほどの距離にあるミラノと周辺の町からの来訪者が圧倒的に多い。滞在日数は、日帰りが過半を占めるが、1泊で来る人々も3割程度いる。年間訪問回数としては、年に数回という人が最も多いが、なかには近場にセカンドハウスを所有しシーズン券を購入してより頻繁に来る人も

いる。また、訪問継続年数は、5〜10年という人が一番多かった。さらに、採取したキノコの用途は、ほとんどの人が家庭内消費であり、販売するとした人は皆無だった。

2）キノコ採取者の満足度について

　20ユーロ／日というチケット代について意見を聞いたところ、ほとんど全ての人が高いと回答した。また、チケット代の適正価格を尋ねたところ、10ユーロ／日という意見が圧倒的に多かった。これは、実際に周辺の町村では、チケット代は通常10ユーロで設定されていることが念頭にあると思

籠一杯に収穫を得て満足の人々。下草が少なく、歩きやすい林内である。　　　　（2019年9月撮影）

われる。ボルゴバルディターロはブランド価値があるため、価格づけも高いのであろう。さらに、チケット制度について満足しているかどうかを尋ねたところ、大部分の人があまり満足していないという回答であった。チケット代や収穫についての不満足な回答が多かった背景として、たまたま調査日は収穫が非常に少ない状況だったことが影響したと考える。9月の調査時には、同じ場所で籠一杯に収穫している人を多く見かけたため、もしこの時期にアンケート調査を実施していれば、より高い満足度が示されたであろう。

3）今後の課題など

　現状に問題がないわけではない。一番大きな問題は、ルールを守らない採取者が多くいることである。モルターレ氏によれば、採取者の約50%がチケット代を支払わないという。実際、現地調査時に、チケットを表示していない車も散見された。なかには夜中に来て採る者もおり、費用の点からパトロールを増やすのは限界がある。

キノコの生育促進のために数年
前に間伐を実施した採取エリア
（2019年10月撮影）

　モルターレ氏はまた、キノコ生産量を増やすための森林の取り扱いについ
て長年研究してきている。基本的には、マツ類を伐採し、萌芽更新でナラ、
クリ、ブナを育ててきているが、一般に密度の低い森の方が発生量は多いと
いう。通常は46〜49kg／haの収穫量であるが、間伐実施20〜30年後には
120 kg／haに増加するという。また、現在のキノコの利用率（発生するキ
ノコのうち人によって採取されるものの割合）は平均すると20〜50%程度
であり、これを8割程度まで増やす余地があるという[19]。2000年代にフィ
ンランドで1〜3%の野生キノコの利用率を30%まで増やす目標が立てられ
た[20]ことを考えると、現状でも利用率は相当高い。採取者による踏み荒ら
しや森への被害の懸念について尋ねたところ、そのような問題はないとビ
ダーレ氏と口を揃えて否定した。日本のマツタケ山では、シロを踏まれて荒
らされることを所有者が気にするが、このような問題がここでは起こってい
ないのが不思議である。ちなみに、スイスにおける研究報告によれば、菌糸
体への影響は確認されていないが、踏まれることによってキノコの発生数は
減少する[21]。

4）キノコ祭りとアグロツーリズム

　ボルゴバルディターロや近隣の町では、9月から10月にかけてキノコ祭り
やクリ祭りが開催される。また、キノコ料理の実演を行うアグロツーリズム
の宿もあり、アメリカなど海外からも観光客が訪れる。

EU委員会の地理的表示保護ラベル
（IGP）をつけて販売されるポルチー
ニキノコ　　　　（2019年10月撮影）

アグロツーリズムではキノコの調理
プロセスも実演する　　　　（同上）

ポルチーニキノコの刺身も提供（同上）

アグロツーリズムの宿の表示（同上）

186

5）トリュフ市場などに起こりつつある劇的な変化

ボルゴバルディターロは酸性土壌であるためにトリュフは産出しないが、トリュフについても簡単に触れておく。イタリアではトリュフの採取者が9万2,000人ほどおり、そのうち800人ほどはそれを職業としているという。トリュフの値段は地域や年によって大きな差があるが、ポルチーニキノコの約100倍の値段である（2021年5月現在、より高価な白トリュフの小売価格が地方で2,500〜3,000ユーロ／kg、ミラノなどの都市部で4,000〜6,000ユーロ／kg）。7億ユーロと言われるこのトリュフ市場の3分の2がブラックマーケットと言われていたが、2019

黒トリュフの採取風景と収穫物
（2019年11月撮影）

年の税制改革によってブラックマーケットが大きく減少するという劇的な変化が起こりつつある[19]。

6 スイスにおける新しいグリーンな森の仕事[22]

1）グリーン・フォレスト・ジョブとは

ILO（世界労働機関）が2008年にグリーンな仕事（グリーン・ジョブ）を定義している。それによれば、グリーン・ジョブとは、環境影響を持続可能なレベルにまで低減させる仕事のことであり、エネルギーや原材料の消費の減少、経済の脱炭素化、生態系や生物多様性の保全・修復、廃棄物や汚染の最小限化に貢献する仕事が含まれる。一方、グリーンな森の仕事（グリーン・フォレスト・ジョブ）については、FAO／UNECEが2018年に定義してい

る[24]。それによれば、グリーン・フォレスト・ジョブとは、持続可能な森林管理の原則に基づく、グリーン経済に貢献する森林産物の製造、および、あるいは、森林サービスの実行・成果に係るものである。

　テーマとしては、①木材・エネルギー生産、②教育・研究、③健康とレクリエーション、④生物多様性と生態系の機能、⑤森林管理・調査・計画、⑥社会・都市開発、⑦アグロフォレストリーと山岳林業の7つの領域が示されている（**図表２−４**）。また、19種類の活動分野が示されており、新たに出現した仕事の例としては、森林インタープリター、森林エコ・セラピーガイド（③の事例)、森林文化インタープリター、森林墓地管理、アドベンチャーパーク・フォレスター（⑥の事例）などがリストアップされている。

図表２−４　グリーン・フォレスト・ジョブ（GFJ）と7つのテーマ

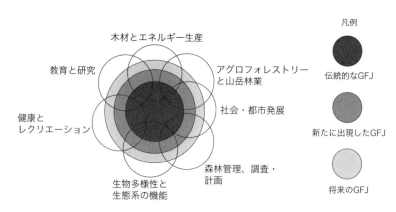

（出典：23) 24)）

2）ほとんどの人が森から徒歩圏に住んでいるスイス

　本節では、スイスにおいて展開されてきている新しいグリーンな森の仕事（グリーン・フォレスト・ジョブ）について紹介したい。ヨーロッパアルプスに位置するスイスは、人口870万人の小国であるが4つの言語が話され、森林は国土の3分の1を占め、その3割が私有林である。全森林の49%が自然災害などから守るための保全林とされ、残りは都市近郊林として人々の利用に供されている。驚くべきことに、スイスではほとんどの人々が森から徒

歩20分以内に住んでおり、全人口の8割が余暇やレクリエーション目的で森を訪れるという（26頁、132頁を参照）[25]。日本は森林率が7割近くとずっと高率だが、急傾斜で藪のようになっていて簡単にアクセスができない森が多いために、同様のデータを算出すればずっと低くなるであろう。さらにもう一点、大きな違いがある。スイスでは、北欧諸国やドイツと同様に、誰でもいつでも全ての森林に自由にアクセスする権利が民法で定められている。森を訪れることは多くの人々にとって、日々の健康維持のために不可欠なものとなっているのだ。また、林業活動の採算性が低下している一方で、人間活動による森林への影響が増していると同時に、人々にとって森林の重要性が増している。このような状況下において、グリーン・フォレスト・ジョブの動きは、森林の産品・サービスの範囲を拡げ、新たなビジネスを含めた包括的な森林ビジネスを作りだそうとするものである。

3）スイスにおける5つの新たなグリーン・フォレスト・ジョブ

スイスで新たに出現してきているグリーン・フォレスト・ジョブの代表的なものとして、森のようちえん、セラピーなどの森と健康のサービス、アドベンチャーパーク、森林墓地、ベンチングがある。これらを合わせると3,000〜4,000人となり、森林内で伐採等に携わる労働者の雇用総数6,100人の半分〜3分の2を占めるに至っているという[26]。人口が増加しているスイスでは、今後ともより多くの人が森の近くに居住することになるために利用の強度が高まっていき、森林サービスに対する要請も高まり、より多くの事業がサービス的なものになっていくと見込まれている。

森林ツアーに参加する人々。森のソファで休息をとる。
（提供：Andreas Bernasconi）

　典型的な森のようちえんでは、子ども達は年間を通じて、週5日間丸一日森の中で過ごす。このほかに、森林スクール、そのほか屋外における森林教育やESDのための様々な機関が存在している。公式な統計はないが、典型的な森のようちえんが600〜800か所、森林スクールが200〜400か所、その他の機関を含めると3,000〜5,000か所存在しており、今後もこれらの数は増えていくことが見込まれている[25)]。

森林産品のキャンペーンで森林浴の本とアロマオイルを展示する薬局　　　（提供：Andreas Bernasconi）

　また、スイスではここ数年、森林と健康がブームとなってきており、様々な取り組みが行われるようになっている。こちらも公式な統計はないが、主として瞑想訓練や感覚運動などを行う森林浴が100〜180件、森林内での治療が50〜70件、森林内でのフィットネスや黙想（マインドフルネス）などが200〜250件、これらを合わせると330〜450件ほどの取り組みがあると推定されており、これらは今後も増加することが見込まれている[25)]。なお、クナイプ療法については、すでに義務的保険とは別の追加的保険によってカバーされる仕組みができている[26)]。

　また、いわゆるアドベンチャーパークは、2000年に最初のものが誕生した後、一貫して増えてきており、アドベンチャーパークを整備する専門

フォレスト・ロープワークの台の修繕を行う林業労働者。アドベンチャーパークを管理する専門のフォレスターも生まれつつあるという。
　　　　　　　（提供：Andreas Bernasconi）

家も生まれてきている。現在は約50か所となっているが、今後は大きく増加することはないと見込まれている[25]。

　一方、スイスでは一部を除いてほとんどのカントンで森林に骨壺を埋葬する形の森林墓地が認められており、今世紀の初めごろから造成されるようになった。2つの大きな森林墓地企業があり、それらの企業は森林所有者から土地の貸付を受けて事業を実施している。一方で、森林所有者が自ら森林墓地事業を実施している例もある。公式統計はないが、スイスには150か所ほどの森林墓地があり、うち30か所が森林所有者自ら実施していると推定されており、今後もその数は増加すると見込まれている[25]。

　森林墓地の大きさは様々であるが、0.5〜3ヘクタールものが多く、単木型から共同型、家族型など様式は様々であり、契約期間は30年間である。埋葬木の値段も、500ユーロから数千ユーロまで幅がある。

地域のフォレスターと顧客が森林墓地の状況をチェックする
（提供：Andreas Bernasconi）

　また、森への自由アクセスがあるスイスでは、様々なスポンサーによって各地にトレールとベンチが整備されているが、多くの場合ベンチの維持費までは支出されないケースがほとんどである。そこで、オンライン上で森林所有者とパートナーシップを構築して、森のなかのベンチの設置・維持管理費用を提供するベンチングという仕組みも生まれている。

ベンチングの仕組みで整備されているベンチ
（提供：Andreas Bernasconi）

第3章
森と人の新たな関係を創る

▎1 コロナ禍で森を目指す人々[1]

1）心身の健康保持のための社会的装置としての都市近郊の森

　第2章第3節で紹介したコットンフォレストは、3,900ヘクタールの区域のうちの約6割は州有となっており、樹齢250年になるナラやヨーロッパブナなどの広葉樹を主体に、トウヒ属の針葉樹が混じる生物多様性の高い森林である。ボン近郊にあるために訪問者が多く、木材生産、自然保護、レクリエーション利用などの多岐にわたる価値の実現が目指されている。州有林の収入の7割は木材関係で、残りの3割は土地の貸付、狩猟、魚釣り、種子の販売などの非木材森林産品（NWFP）関連であり、自由アクセス権があるためにレクリエーション利用者に料金は課されていない。キツツキ類やコウモリ類などの貴重な野生生物が生息しているエリアは、EU生息地指令によってこれらの生物の生息にとって不可欠な枯死木や老齢木が保護されており、枯

ドイツ・ボン郊外のコットンフォレストの保護地域（州有林）
（2020年2月撮影）

死木の量が40㎡以上／ ha、または「ビオトープ木」（傷や巣のある木や営巣の可能性のある木などのこと）の数が10本以上／ haなどの目標が設定されている。

　2020年の3月下旬以降のコロナ禍におけるコットンフォレストの訪問状況について調べた研究報告によれば、ロックダウンによって訪問者数が倍増し、その傾向も激変している[2]。この背景には、人々が以前よりも時間があり、在宅を強いられたことによりストレスが高まったことが訪問者の増加の背景にあり、コロナ禍において、森林は心身の健康を保つための不可欠な社会的装置の役割を果たしたと指摘している。また、訪問の傾向として、以前は勤務時間の前後に小さなピークがあったほかは一日中均等な分布であり、最も訪問者が多いのは日曜日で、金曜日や土曜日の訪問者は少なかった。しかしながら、ロックダウン下においては、勤務時間前後の小さなピークはなくなり、午後の遅い時間に集中するようになり、また、土曜日の訪問者が増え、週末と平日の混雑の差もなくなった。これは、以前は自転車でこの森を通過して通勤する人達が多く、金曜日は半日勤務や自宅勤務で土曜日は買い物に出かける者が多かったが、コロナ禍で自宅勤務の者が増え、また、学校や幼稚園が閉鎖になったために、若い人や子ども連れの家族が増えたことによるという[2]。

2）健康維持のための不可欠な役割を果たした公園地域

　2020年春以降のコロナ禍におけるイギリス、スペイン、イタリア、エストニア、ドイツ、ポーランド、スロベニア、スウェーデンのヨーロッパ8カ国の人気の高い国立公園・保護地域14か所への訪問者数と公園管理への影響を調べた研究報告がある[3]。

イギリス・スコットランドのケアンゴームズ国立公園にて。馬を持ち込んで乗馬する場合は、料金は無料である。　　　　　　　　　　（2019年9月撮影）

イギリス・スコットランド、アバディーン郊外にあるCountesswells Wood国有林。犬の散歩が訪問者の主な目的であり、駐車料金は1ポンド／1時間。駐車場からの収入は国有林の収入の大きな部分を占める。
（2019年9月撮影）

　本報告によれば、ロックダウン解除後に著しい訪問者の増加と新たな層の訪問が見られるようになり、公園地域等が人々とその健康維持のために不可欠な役割を果たしたとしている。具体的には、14か所全てにおいて前年と比較して訪問者の増加（特に夏期）が見られ、一部においては平日の訪問者の増加も起こった。イギリス、イタリア、スペインのような厳格なロックダウンが行われた国々では、当初の訪問者の減少から夏期に大幅な増加に転じた。唯一ゆるい対策がとられたスウェーデンでは、当初から訪問者が増加し、夏までその傾向が続いた。地域内での移動制限が比較的ゆるかったドイツにおいては、健康危機が始まって以降、訪問者数の増加が起こり、公園によっては倍増した。これは、屋外や遠い地域が、屋内や都会に比べてより安全であると考えられた結果であるとされている。

3）公衆衛生と自然保護のバランスという新たな課題

　同報告では、また、訪問者の増加やソーシャルディスタンスの確保のための混雑回避・分散化によって、野生動物の生息地、景観、自然保護などへの悪影響が懸念され、公衆衛生と自然保護のバランスの確保という新たな課題が生じていることを指摘している。コロナ禍の最初の7か月での訪問者の増加によって生じた問題点として最も指摘が多かったのが、不適切な駐車と道路の渋滞であり、このほか、混雑、公園利用者による問題行動、ソーシャルディスタンスを保ちながらのビジターセンターでの案内等の実施の難しさ、地域

住民と訪問者との軋轢、ガイドツアー等の教育文化活動のキャンセルがある。
公園利用者による問題行動としては、不適切駐車、許可されていない活動の
実施（キャンプなど）、ゴミの投棄、人間や犬の排泄物の放置、バーベキュー
や火の使用、道以外への侵入、反社会的活動、犬の放し飼いがある（**図表3
－1**）。これらの課題に対応するため、公園の施設や一部エリアの閉鎖、各
所の掲示板・ウェブサイト、ソーシャルメディアを通じた情報配信、ガイド
ツアーの人数制限・オンライン化、レストランなどの施設での人数制限・プ
レキシガラスの設置・現金払いの禁止、レンジャーや警察の増員などの措置
がとられた。

図表3－1　公園訪問者による問題行動

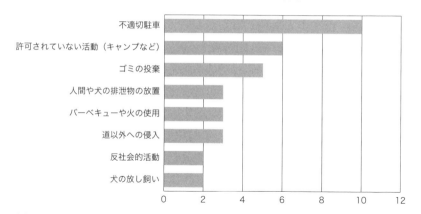

（出典：3））

　一方、アメリカでも2020年4月のノースキャロライナ州の国公有林の訪問
者が例年の2～3倍となるなど同様な状況が見られたが、その後多くの国有
林や公園・保護地域において、感染拡大防止のための閉鎖措置がとられた。
これについて、今後の健康危機時においては、近隣の公園地域等の人々の健
康維持や地域の環境とのつながり維持の重要性に鑑み、適切な感染拡大防止
措置を講じた上で、開放を維持すべきであるとの主張もなされている[4]。

2 フォリッジングの現代的意義[5]

1) フォリッジングで森とつながる

　フォリッジング（foraging）とは、採餌という意味であり、野山で食べられる野草などを見つけて採取する活動のことを称し、ヨーロッパ各国においては、この活動は日々の生活と自然や森とのつながりを保つ役割を果たしてきた。近年、このような伝統文化が崩壊しつつあり、地域や世代間で伝承されてきた知識が衰退しつつある。その一方で、現代の都市化社会において手軽に自然とつながることができる活動として関心が高まってきている。

　図表3－2は、各国におけるフォリッジングを行う世帯の率を調べた結果である[6]。国により差が大きく、高い方では、67.6%のラトビアを筆頭に

図表3－2　国別・非木材森林産品の採取を行う世帯の割合（%）

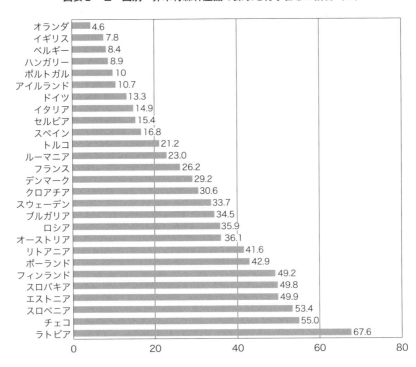

（出典：**6**））

して、チェコ、スロベニア、エストニア、スロバキア、フィンランドなどが50％以上であり、一方、低い方は、4.6％のオランダを筆頭として、イギリス、ベルギー、ハンガリーが10％以下であり、ドイツ、イタリア、スペイン、フランス、スウェーデンなどはこれらの中間となっている。

2) 人気が高まるレクリエーションとしてのフォリッジング体験

　ヨーロッパでは、都市住民等のレクリエーションや個人消費として、①山菜の採取（見分け方から料理方法までの野生産品を食べる講座）、②ブッシュクラフト（自然環境のなかでのサバイバルのための生活技術・知恵・行為の訓練）、③料理と地域ツーリズム（トリュフ採取と高級料理の休日）などのフォリッジング体験市場が伸びてきている。例えば、イギリス西部のウェルズ地方では、山菜採取ウォークや伝統的な工芸品の講座が観光セクターと関連して伸びてきている[6]。また、スペイン中部では、キノコ狩りツーリズムによる売り上げが、年額400 ～ 500万ユーロに上る地域がある[6]。身近な都市のなかで食べられる野生産品を見出し、採取するアーバン・フォリッジングという活動さえも生まれてきている[7]。

　我が国で取り組みが開始されている森林サービス産業ではアドベンチャーパークなどの空間利用に注目が集まりやすいが、多様な非木材森林産品に着目したフォリッジングは、森でしかできない活動であり、持続的な活用が図られる限りにおいて、地域の伝統的な利用を現代の都市住民に蘇らせ、自然の多様性の理解と人々の健康にも役立てるという意味で、本来的に重要な森林利用であろう。山村地域の再生のためには、フォリッジングへの関心を高める都市住民等をチャンスと捉えて、都市住民等を締め出した慣行的な地元利用の見直しも含めてウィンウィンな方策を検討すべきであろう。イギリスでは、国民の6割が週1回以上緑空間を訪れ、このことが人々の幸福度や満足度に好影響を与え、不安の減少にも効果を上げているという研究報告もある[8]。フォリッジングが、グリーンへのアクセスと同様に、現代人の幸福度を高めていることは間違いないであろう。

イギリス・ウェルズ地域のアベリストウィス郊外に続くヘッジロー。野鳥のえさとなる木の実を提供するなど生物多様性保全上、重要な役割を果たしているが、伝統的なヘッジローは減少しつつある。

（2019年11月撮影）

イギリス・ウェルズ地域・アベリストウィス郊外にて。ワラビと思われる植物に覆われている山々が目立つが、イギリスではワラビは人の食用にはしない。　　　　（同上）

イギリス・イングランド地域のニューフォレスト国有林のキノコ採取を禁ずる看板。商売目的の乱獲防止のため、2019年から禁止された。

（同上）

3）非木材森林産品と結び付いたアクセス権

　欧州諸国では、一般の森林へのアクセス権は、地元での規制が一般的なイタリア、スペインなどを除いて、国や地域レベルの法規制で決められており、入林者が森林所有者、財産や環境に害を及ぼさない限りにおいて、特定の条件付き（日中の時間のみ・歩行のみ・歩道上のみ、あるいは車の禁止など）で認められている。しかしながら、非木材森林産品の収穫の権利についてはそれぞれの国の伝統的な利用状況によって差が大きい。個人的利用だけでなく商業的利用についても認められているフィンランドのようなケース、土地所有者や収穫権利所持者が特定の産品の収穫を規制するオーストリアやルーマニアのようなケース、土地所有者が特定の産品の収穫について料金や数量制限を課すイタリア、スペインのようなケース、商業的採取のみ禁じているイギリス・スコットランド、森林所有者が商業的採取許可を有している際に一般の採取を禁止するスロベニアなどのケースがある[6]。しかしながら、一般的に所有者がアクセスの制御を行うことは難しく、伝統的な権利が財産権よりも優先している実態がある。例えば、イギリス・スコットランドでは、非木材森林産品の法的権利は森林所有者に帰属するが、採取者はみんなの物であると考えていることが多いという。

　イタリアについて見ると、先の調査のフォリッジングを行う世帯の比率は15％とやや低いが、古くから森林の皆伐が禁止されてドイツのような大規模な針葉樹植林は行われておらず、北欧やドイツのような森への自由アクセスの慣習もなく、非木材森林産品（NWFP）についての料金制がとられているという特徴がある。料金制は、北イタリアのトレント州で、1970年代にキノコ狩りによる資源圧力が高まったため、制限が導入されたことに端を発する。1993年の「野生キノコの採取販売に関する法律」によって、各地域で収穫制限が可能となり、大半の地域でキノコ狩りの許可券の導入がなされている。一般的に、個人目的での採取量の上限は2kgで、州の住民は無料であるがそれ以外の者は有料（一日10〜20ユーロ程度）とされている。また、商業目的の採取は別途の証明と料金の支払いが必要となっている。

3 500年以上持続管理されたヴェネチアの森に オオカミが戻る[9)]

1）500年以上の歴史を有する「カンシーリョの森」

　ヴェネチアからほど近い山中に「カンシーリョの森（Bosco del Cansiglio)」がある。この周辺の歴史は古く、ヴェネチア共和国に木材を供給するため、18世紀のドイツ林学の誕生に先立つこと200年も前の16世紀から、持続的な木材利用のための施業計画を樹立して計画的な管理が行われてきた。ヴェネチア共和国は、アドレア海の水域と都市の存続のためにこの水源地域の森を守る重要性を認識していたため、16世紀の最初の四半世紀には、この森の保全を目的とした「木材と森林に関する司法官」を任命していた[10)]。「カンシーリョの森」の豊富なブナの木材は、ヴェネチア艦隊の舟の櫂（オール）として使われていた。

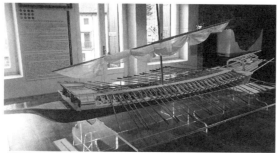

ヴェネチア艦隊の船舶の模型。18mのブナの木から4本のオールをとっていた。
　　　　（カンシーリョ博物館所蔵、2020年1月撮影）

ヴェネチア共和国時代の森林調査風景の図絵（同上）

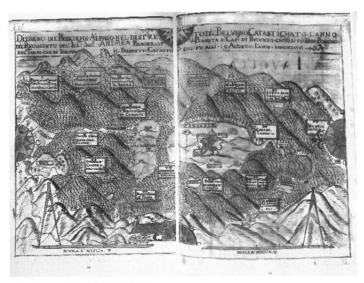

ヴェネチア市内の文化環境省博物館所蔵の16世紀の森林計画区域図

(出典：11))

2）択伐による持続可能な利用を目指す現在

「カンシーリョの森」の周辺は、優美な山岳景観と変化に富んだ自然環境
であり、今日では自然遺産の保全・保護および持続可能な利用の2つの側面
から管理され、森林管理・経営、畜産、観光業、環境教育の4つの利用が行
われている。

森林区域は5,920ヘクタールあり、生物多様性の保全・向上を図り、生態
的に安定した森を維持するために、天然更新を確実に促進させるための伐採
が行われ、一部の保護区域は自然の推移にまかせられている[12)]。管理経営
計画は200区画に分けて策定されており、全体の50%はブナの混交林、30%
はブナの純林、20%はノルウェースプルースの人工林である。年間伐採量
は約1万㎥であり、PEFCの森林認証も取得している。ブナ林では、一部の
木を残して伐採を行う方法である傘伐施業（Shelter wood system）による
120 〜 140年周期の伐採を行っている。現地の森林官によれば、一部の区域
ではヴェネチア共和国以来今日まで500年以上の間、継続して管理を行って
きており、15 〜 18年おきに劣勢木の30 〜 35%程度の間引き伐採と形質の

500年間択伐により管理されてきたカンシーリョのブナ林。中央は管轄するベネト農業公社のメッザリーラ博士。左は管理経営を担当する森林官。
（2020年1月撮影）

良い木の残置を行うことによって、林内にギャップを作って天然更新を促進する方針をとっているという。

　ベネト農業公社のメッザリーラ博士によれば、イタリアでは河川敷などに多く造成されているポプラの植林地は、定義上森林には含めずに農地として分類されており、森林と称されるものの99％は山岳林であり、1923年には全ての木を伐採する方法である皆伐が全面的に禁止されるなど常に土壌崩壊の防止などの保全重視の取り扱いが行われてきたという[10]。ドイツでは18世紀までの無秩序な開発によってもともと広葉樹が優先していた自然の森を喪失し、その後の急速な復旧の取り組みによって森林は復旧したが針葉樹のモノカルチャーが優先する森に変貌してしまったが、イタリアではそのような失敗をすることはなかったというのである[10]。

3）200年ぶりにオオカミが復活

　2016年には、200年ぶりに8匹のオオカミの生息が確認され、モニタリングが行われている。隣国のスロベニアから来て住みついた個体のようで、2019年には6匹の子どもの誕生も確認された。区域内では2005年ごろからシカの増加による被害が発生してきているが、オオカミの復活によって状況が改善されることが期待されている[10]。

　流域の低地には約650ヘクタールの草地があり、酪農業も行われている。また、区域内には自然とふれあうための約100kmのトレールが整備されてお

り、犬との散歩、ハイキング、マウンテンバイク、乗馬などのほか、冬季に
はクロスカントリースキーのフィールドとしても活用されている。環境教育
地域センターでは、学校やグループなどが自然ツーリズムを楽しむためのガ
イドツアーや訓練などを提供している[12]。このほか、キノコ狩りも盛んで
あり、チケット（10ユーロ／日）を購入すれば1人2kg／日までの採取が認
められている。なお、現在までのところ、駐車場は料金を徴収していない。
また、この20年の間、域内のスキー場開発の是非についての論議がされて
きている。現在、パドヴァ大学の研究者によってシカの観察、健康とセラ
ピー、木材等のブランディングによって生物多様性とツーリズムの増進を図
るPESプログラムの開発にも取り組まれている。

4）プロセッコワインの里

　「カンシーリョの森」の南西部には、ゆるやかな傾斜に一面のワイン畑と
多くのワイナリーが点在するのどかな景観を誇るコネリアーノ・ヴァルドッ
ビアーデネ地域がある。本エリアは世界文化遺産に指定されており、イタリ
アで今やシャンパンを凌いで圧倒的な人気を誇る発泡白ワイン「プロセッ
コ」の産地として著名である。その大成功を導いたスチール樽による革新的
な発酵技術を開発したのがコネリアーノにあるパドヴァ大学のワイン学科で
ある。本学科はイタリアで最も古いワイン学科であり、ヨーロッパでも指折
りのワイン学の高等教育研究機関である。通常は入ることができない醸造室

パドヴァ大学ワイン学科の
キャンパスにあるワイン畑
（コネリアーノ・イタリア、
2019年11月撮影）

パドヴァ大学ワイン学科の担当者
と醸造プラント　　　　　（同上）

に入れてもらうと、温かい空気と独特の香りが漂っていた。

4　エコツアーで持続可能な地域づくり[13)]

1）カオヤイ国立公園・世界自然遺産で働く地元のフォレストガイド

　本節では、タイにおける森林景観を活用した持続可能な地域づくりのための取り組みを紹介する。タイには数多くの国立公園があるが、カオヤイ国立公園・世界自然遺産は、首都バンコクから近いために特に人気が高く、週末には数多くの車と訪問者で賑わう。一般的にタイの国立公園の入場料は外国人向けにはプレミアム価格で設定されており、特にカオヤイではタイ人40バーツ（約120円）に対し、外国人は400バーツとなっている。野生生物の宝庫であるカオヤイは、野生生物ウォッチングにとってはこの上ない環境であり、エコツアー業がとても盛んである。野生生物ウォッチングとは、レクリエーション・ツーリズムの一種であり、野生生物の観察、餌やり、写真撮影、野生生物を見るための公園の訪問、野生生物のために植生や自然地を保全することと定義されており[14)]、世界的に近年最も参加者数の伸びが著しいレクリエーション利用の一つである（第2編第1章82頁ほかを参照）。

車と訪問者で賑わうカオヤイ国立公園・世界自然遺産

（2020年2月撮影）

コロナ禍の直前の2020年2月、久しぶりに同公園を訪れてエコツアーの一つに参加してみた。ガイドに先導されて、森の中のトレールを7〜8名のグループに分かれて歩く。ガイドは訓練を受けた地元の人々であり、常にフィールドスコープと三脚を持参し、隠れている野鳥や野生生物を巧みに見つけて、素早く焦点を合わせて参加者に見せながら解説してくれる。ここでは野生の象に会うことも珍しくないが、今回は象にこそ会えなかっ

地元のフォレストガイドが集結するカオヤイ国立公園の近くにあるエコツアーの拠点を兼ねたゲストハウス。ツアーの参加者はオープンエアのテンソーの荷台に座って移動する。　　　　　　　　　　　　　　　（同上）

森の中のトレールで説明する地元のフォレストガイド（同上）

たが、短時間の間に顔の黒いホエザルの仲間、樹に隠れている緑色の毒ヘビ、2種類のサイチョウなど数多くの野生生物に出会うことができた。

幹線道路近くの木立で見かけたキタカササギサ
イチョウ（Oriental Pied Hornbill）のつがい
（2020年2月撮影）

2）地域住民を巻き込むPES、バイオエコノミー、GIの取り組み

　タイでは2017年の国家経済社会開発計画において、「PES（生態系サービ
スへの支払い）は、地域の天然資源の保全を行う地域のコミュニティが追加
的な収入を生む生物多様性に根ざした経済開発のもう一つの方法」と位置づ
けられ、生物多様性経済公社（BEDO）が仲介者となって各地で取り組みが

チェンマイ地域水管理公社とPES
協定を結んでいる少数民族カレン族
の村ホアロア（Hoa Loa）の景観
（2016年8月撮影）

住民グループの手により完成した
小規模な砂防堰堤
（チェンマイ近郊、2017年8月撮影）

進められている[15]。北部のピン川上流域では、チェンマイ地域水管理公社といくつかの水源域の村とが協定を結び、水管理公社はこれらの村に対して金銭の提供を行い、村人達は砂防堰堤（チェックダム）などを設置して水源域の管理を行っている。また、同じくチェンマイ近くのMae Sa生態系リザーブでは、国営水企業のAURAがアメリカ国際開発庁（USAID）などの支援も得て、水源域の村の森林保全活動を実施している。さらに、マングローブ林の減少・劣化が進行している南部のクラビ郡では、地元のエコツーリズム事業者のグループとリゾートホテルを巻き込んだ景観保全のためのPESに取り組んでいる。このほか、BEDOは、①地域の生物資源の使用、②環境・生物多様性にやさしい製造工程、③売上の一部を生物多様性保全に

使用するという3条件を満たす食品、薬品、化粧品、クラフト、布製品などの地域産品にバイオエコノミー・マークを付与する持続可能な地域ビジネスの認証の仕組みや地域産品の地理的表示（Geographical Indication, GI）の取り組みも進めている。

タイ南部・クラビ周辺のマングローブ林の減少・劣化の状況　　（2016年8月、Google Photoから取得）

3）首都バンコクの肺：バンカチャオを守る

　一方、首都バンコクの中心部にありチャオプラヤ川の蛇行部に囲まれているバンカチャオは、少数民族モン族の居住地もあるなど独特の文化で知られている。緑地が多くバンコクの肺と言われているが、近年は居住地域が全体の9割を占めるに至るなど、開発による緑地の減少や断片化が著しい。このため、王室林野局などが中心となって、生物多様性保全と自然学習のための都市林業のデモンストレーションが行われ、地元住民が提供する伝統的な食事、薬用植物によるハーバルボールマッサージ、草木染め、自然学習な

バンカチャオの航空
写真（中央の楕円形
の部分）
（2016年8月、Google
Photoから取得）

ハーバルボールのデモンストレーション
（バンカチャオ、2020年2月撮影）

どのエコ・カルチュラルツー
リズムに取り組んでいる。ち
なみに、ツアーの参加費用
は、1,000バーツ／日（半日
600バーツ、一泊1,200バー
ツ）である。また、BEDOが
中心となって、周辺の高層マ
ンションの富裕層の住民によ
る景観支払いの取り組みも開
始されている。

5 美しいカントリーサイドを守る仕組み[16)]

1）近場の散策に欠かせないフットパス

　再びヨーロッパ・イギリスに話題を戻す。イギリス・イングランドでは
都市に住む人々の3人に1人は、カントリーサイドの暮らしに憧れており、
75％の人々がたとえ仕事が少し減るとしてもこれらの地域を開発から守るべ
きだと考えているという[17)]。2014 ～ 2015年の2年間のデータで見ると、14
億人が地方を訪れ、これら全ての訪問者のうちの71％は散歩が目的であり、

これらの訪問のうちの50%は自宅から5マイル以内であるという[17]。散歩の内訳は、43%が犬との散歩、28%は犬なしの散歩であり[17]、イタリアのようにバールやスーパーマーケットなどにも犬を連れている光景が普通ということはないが、他のヨーロッパ諸国と同様にドッグ・フレンドリーであり、犬との散歩が犬なしの散歩よりも多いのは興味深い。

イギリス全体の土地の65%が農業用地（作物、牧畜、草地の合計）であり、郊外には長い歴史のなかで人為的に形成されてきた文化的な景観である農的なオープンスペースが広がっている。ちなみに、森林率は13%（針葉樹7%、広葉樹林6%）と都市用地の12%と同程度しかない[17]。しかしながら、かつて覆っていた森を彷彿させるようなナラなどの老木も、各地に比較的多く残存している。このような郊外部の散策に欠かせないのが、各地に整備されているフットパスである。イングランド・ケンブリッジ界隈においても、中心部を少し離れただけで誰もが自由に利用できるフットパスが整備されたオープンスペースにアクセスすることができ、散策する人、犬を連れた人、ジョギングをする人などでいつも賑わっている。

フットパスを散策する人達
（2019年12月撮影、ケンブリッジ郊外で）

2）総人口の1割近くを占めるナショナルトラストの会員

また、各地にナショナルトラストに指定された本格的な森や湿地なども点在している。ヘリテージに指定されると、所有者が一般の人々の立ち入りを認めることを前提として免税措置が受けられることになっている。ケンブリッジの街中に駐車されている車のフロントガラスには、ナショナルトラストのシールを貼った乗用車が目に付く。ナショナルトラストの会員になると、各地のナショナルトラストの駐車場が無料になることもあり、総人口の1割

ナショナルトラストの一つである湿地：ウイッケンフェン。通常入場料は7.7ポンドである。このほかに駐車料金がかかるが、ナショナルトラストの会員はいずれも無料となる。　（2019年12月撮影）

近くの400 〜 500万人が会員となっている[17]。また、ナショナルトラストが所有する土地は239千ヘクタールにのぼり、林業委員会、防衛省、クラウンエステートに次いで、4番目に大きい規模の土地所有者となっている（2019年現在）[17]。

3）「あがりこ」の巨木が立ち並ぶ景観

　ケンブリッジから南方に70kmほど行ったところに、ナショナルトラストの一つのハットフィールド・フォレストがある。この場所には、幹が途中で枝分かれしている独特の樹形をしたナラなどの大木が点在しており、休日に

「あがりこ」の巨木が立ち並ぶハットフィールド・フォレスト（Hatfield Forest）　　　　　　　　　　　　　　（2019年12月撮影）

は犬連れの人など多くの訪問者で賑わう。どうしてこのような奇妙な樹形になったのであろうか? これは、羊などの家畜による新芽の食害を防ぐ目的のための、あえて高い位置で10 〜 15年ごとに樹木を伐る行為(ポラーディングpollardingと称される)の結果生じたものである。伐採した箇所からの新芽が成長して、このような形態になったのである。なお、日本でも、「あがりこ」と称される、多雪地域の東北地方のブナ林での積雪期の伐採によって、同様な形態のブナが形成されている。「ポラーディング」は、「あがりこ」と同じ原理であるが、雪があるために結果的に高い位置での伐採となった「あがりこ」とは異なり、意図的な高い位置での伐採なのである。ケンブリッジ界隈でも、注意して見るとポラーディングされた木々が結構多く目に付く。

また、ハットフィールド・フォレストの近くに、ロンドン市が管理をしているエッピングフォレストがある。エッピングフォレストは、区域面積2,503ヘクタールの14世紀からの記録が存在するかつての王室林、狩猟林である。古いもので樹齢1,000年にも及ぶポラーディングされた広葉樹の老木が林立する区域で、現在では保護地域とされてトレールが整備されている。

エッピングフォレスト(Epping Forest)で最も古い木とされるポラーディングされたブナ　(2020年1月撮影)

4) 地域企業が支える「訪問者贈与スキーム(VGS)」

寄付行為が社会的に定着しているイギリスでは、現在のようなクラウドファンディングが盛んになる以前から、国立公園等を訪れる観光客から寄付金を募って特定の自然環境資源を守る活動が行われてきた。草分けはレイクディスクリクト・ファウンデーション(Lake District Foundation, LDF)

であり、2019年時点でレクリエーション利用者やツーリストからの過去18年間の募金合計は、200万ポンド（約3億円）を超える実績を有している。LDFは、年間250万人が訪れる湖水地方において、旅館、卸売業者、ツーリストなど地域の様々なビジネスの参加を得て実施する「訪問者贈与スキーム（Visitor Giving Scheme, VGS）」の取り組みを進めてきており、集められた資金によってフットパスの補修、猛禽類のミサゴの生息地の修復、水質改善などの様々な自然環境保全プロジェクトを実施している（**図表3−3**）。

図表3−3　LDFのVGSスキームの仕組み

スキームへの参加・プロジェクトの選択

ビジネス（旅館、卸売り業者、ツーリストなど）

LDF（チャリティ）
1. フットパスの補修
2. ミサゴの生息地の修復
3. 水質改善

レクリエーション利用者・ツーリスト（年間250万人）

地域コミュニティ

環境改善・観光客増の便益

（出典：**18**））

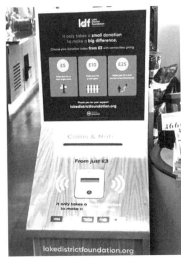

LDFの募金箱。募金金額ごとに何に使われるかを明示している。
（提供：LDF）

6 環境を守るために地域企業が動く[19)]

1) コッツウォルズ保全委員会 (CCB) による訪問者贈与スキーム (VGS)

イギリスでは、観光客などから寄付金を募って自然環境を守る仕組みである「訪問者贈与スキーム (Visitor Giving Scheme, VGS)」が各地で行われていることを前節で述べた。本スキームの特徴は、①ボランタリーであること、および②地域の企業が集金を行うことである。近年、ホテルの宿泊時に観光税などが課されるケースが増えてきているが、このような強制的な支払いや慈善団体が自ら集金するケースはVGSとは異なる。今回は、VGSに取り組んできているイングランドにおける中央政府の執行機関の一つであるコッツウォルズ保全委員会 (Cotswolds Conservation Board, CCB) の取り組み状況を見ることにしたい。

IUCN (国際自然保護連合) の分類の「カテゴリーV：保全された景観」に該当する「特別自然美観地域 (Area of Outstanding Natural Beauty, AONB)」がイギリスで46か所あり、コッツウォルズ地域はその一つである。十数名の職員と年間予算約1.5億円のCCBが管轄している。2013年に、シードマネーによって3つの小さなプロジェクトが開始され、現在では23のVGSプロジェクトを実施している。これらはCCBのサイモン・スミス氏らが、公的予算が削減される状況のなかで、湖水地方でVGSによって先駆的

コッツウォルズ保全委員会 (CCB) の最初のシードマネーによって整備されたカイトヒル自然保全地区 (Kite Hill Nature Reserve)。中央は保全されている湿地。 (2020年1月撮影)

CCBのプロジェクト開発・ビジ
ネス計画官のサイモン・スミス氏
（2020年1月撮影）

コッツウォルズVGSのロゴマーク
（出典：21））

な成果を上げているレイクディストリクト・
ファウンデーション（LDF）の取り組みを参
考にして、寄付金によって環境プロジェクト
を実施する仕組みを構築したものである[20]。

2）CCBの支援のもとで企業が顧客から資金を集める

　訪問者贈与スキーム（VGS）は、以前は
訪問者払い戻しスキーム（Visitor Payback
Scheme）と呼ばれていた。これは、観光客等
が素晴らしい自然環境を楽しんだことに感謝
してお返しをするという意味であった。しか
しながら、払い戻しという響きがネガティブ
であるとして、近年はgiving（贈与）に言い
換えられるようになった。観光客が景観や生
物多様性を守っていくための様々な活動にお
金を支払うことから、生態系サービスへの支
払い（PES）の一種とも考えられている。ホ
テル、卸売業者、旅行業者など地域の様々な

コッツウォルズVGSのパ
ンフレット
（2022年1月撮影）

ビジネスが、それぞれの顧客から寄付金を集める活動をしている。

なぜ企業なのか？ それは、まずは企業側としては、国民との良い関係を作るためにCSR活動を行うインセンティブがある。さらに、地域の環境を守ることが観光セクターなどにとっても長期的な利益になるからである。企業のスキームへの参加は無料であり、関心のあるプロジェクトを自ら選んでプロジェクトへの貢献を対外的にPRすることができる[20]。

CCBは、プロジェクトの計画からスキーム全体の仕組みづくり、地元のビジネスや地域コミュニティなどのステークホルダーの参画の促進などの一切の支援を行っている。地域企業の勧誘を行う際には、スキームの内容や既存の取り組みについてのPR媒体などにおける認知の状況を伝え、リーフレットやウェブサイトを通じて参加のメリットを伝えている。また、CCBはスキームのロゴ、顧客にスキームを説明する文章、プロジェクトの内容が分かるウェブサイト、写真などを整備して企業に提供している。なお、CCBが企業の集金活動を支援する際には、それぞれの企業の独自のビジネスモデルを尊重し柔軟性を旨としてVGSと統合することが目指されている。

ナーチャーレイクランド（LDFの旧名）のVGSのロゴマーク　　　　　　　　　　　　（出典：22））

3）実施状況と課題など

集められた資金は特定のプロジェクトの実施に限って使用される。AONBはSDF（Sustainable Development Fund）など多くの助成金を得ているが、それらとVGSはいくつかの違いがある。まず、VGSは支援するプロジェクトの分野が景観、野生生物、アクセス、歴史的伝統物、国民の理解促進など非常に広いことである。また、VGSによって実施されるプロジェクトサイ

トは、誰でも自由に訪問することができる。さらに、明確な基準のもとで企業も助成金の決定に参加できるようにしており、このことがスキームについての企業のオーナシップを高めている。

　一方、CCBが行っている参加企業との関係維持、新規参加企業の勧誘、募金集めの支援、助成金の配布などはいずれも時間と費用がかかる。このため、募金額の20%までをこれらの運営費用に充当することとされている。

　2018 〜 2019年まで、「コッツウォルズを大事にしよう（Caring for Cotswolds）」というキャッチコピーのもと、河川や自然保護地域の保全、メンフクロウの生息地の保全、トレールの改善などの12のVGSプロジェクトが実施された[20]。この結果、22,000ポンドの寄付実績を得て、このうち4,000ポンドがCCBの運営経費に使用された。参加企業は、パブ（飲食店）、休暇用のコテージ・B&Bなどである。休暇用コテージのオンライン予約を行うある企業は、予約時に寄付ができる仕組みを用いて大きな成果をあげた。また、商品の販売価格に50ペンスを上乗せして販売し社内コンペを実施して成果をあげているジンの販売会社もある[20]。小さな地域企業は一般的に支援等の手間がかかる上に集金効果も低いため、集金能力の高い大企業を含め

人気のあるバートン＝オン＝ザ＝ウォーター（Bouton on the water）の川のバンクの補修。VGSで1,352ポンドの資金を集めて実施された。　　　　　　（2020年1月撮影）

るように配慮されている。また、LDFの取り組みでは最低寄付額を1ポンド
としているが、より効率を高めるために2ポンドとすることを推奨している。
さらに、寄付金集めの方法としては、募金箱は非常に手間がかかり効率が悪
いため、極力使用は控えられている[20]。

　開始後6年間のVGSの実績はまだ50,000ポンドほどである。スミス氏によ
ればこの仕組みが機能することは分かったが、まだまだ成功とまでは言えな
い段階であり、今後VGSの資金獲得の担当者を新たに雇用するなど体制を
強化して実施することとされている。

第4章
SDGs実現のための世界の戦略

┃ 1 「皆伐をしない林業」の世界的拡がり[1]

1）恒続林が源流の「自然に近い林業（CTNF）」

　近年、皆伐・一斉更新に代わる森林施業方法が世界的に拡がりを見せている。ヨーロッパの「自然に近い林業（CTNF／Close-To Nature Forestry）」、北米などの「生態的森林管理（EFM／Ecological Forest Management[2]）」や「多様保残伐（VRH／Variable Retention Harvesting）」、熱帯地域の「影響低減伐採（RIL／Reduced Impact Logging）」などである。これらは、いずれも皆伐を極力行わずに、間伐や択伐などにより部分的に伐採して更新を図る森林施業である。

　自然に近い林業や生態的森林管理は、森林を生態系として管理する理論と実践であり、自然プロセスを活用して人為的な介入を減らし、木材生産と生態系サービスを最適化する林分構造を採用するものである。CTNFの源流は、1922年にメラーが唱えた恒続林思想にある。ドイツでは、18世紀以降に生じた荒廃地の急速な復旧に成功したが、もともと全森林の3分の2が広葉樹の混交林であったものが逆転して3分の2が針葉樹の一斉植林地となり、木材工場的林業への反論も起こった。1987年にドイツのザーランド州が皆伐を取りやめると、ドイツの他の州や他のヨーロッパ諸国が国

カナダ・バンクーバー島におけるウェアハウザー社による非皆伐施業の取り組み（写真提供：勝久彦次郎）

枯死木を多く残置し恒続
林への誘導を図っている
森林
（スイス・チューリッヒ郊外、
2019年11月撮影）

公有林において恒続林の考え方
を義務づけるようになった[注1]。
1989年には、スロバニアで恒続
林の考え方を推進する組織とし
てプロシルバ（Pro-Silva）が結
成された。この結果、かつてレ
オポルドが『不要な野外の幾何
構造』と表現したものが拒否さ
れるようになり、木材工場を恒

目標とする恒続林の姿を示したイラスト（同上）

続林に変えるため、各地で針葉樹の一斉林から混交林への転換が進められた。
自然に近い林業では、森林の健全性を保つという考え方から、枯れ木の残置
や昆虫の生息環境の創出なども一般的に行われるようになってきた。

　一方、北米などの多様保残伐の取り組みの背景には、皆伐に対する根強い
反対がある。イタリアでは古くから皆伐が禁止されているが、スイスやドイ
ツでも1ヘクタール以上の皆伐は禁止されている。多様な生態系サービス（自
然の人々への貢献）への認識と期待が高まるにつれて、今後日本でも、保安
林に限らず皆伐を行わない林業の重要性が一層高まるであろう。

注1）恒続林思想が20世紀後半にヨーロッパに取り入れられていく経緯については、柴田晋吾.
2006. エコ・フォレスティング. 101-104頁を参照。

2) 不規則森林協会（AFI）が推進する常時被覆林業（CCF）とは

　プロシルバの創設の2年後の1991年に、フランスで不規則森林協会（AFI, Association Futaie Irreguliere）が設立された。AFIは、常時被覆の不規則な森林管理技術の研究開発を行う目的で、森林の専門家や森林所有者によって組織されている。「常時被覆林業^{注2)}」（CCF／Continuous Cover Forestry)」とは、文字通り基本的に裸地を作らない施業方法であり、森林生態系を尊重し森林の状態の保全を図るため、天然更新を用いて混交異齢林を造成する。イギリスではCCF、ドイツやフランスではCTNFと称することが多い。CCFでは、林分は常に不規則であり、面積や林齢ではなく樹木の直径とその増加を測ることで成長管理を行う。異なる自然攪乱を受けることによって、時には大きな更新ギャップが生まれてモザイク的な様相を呈する場合もあり、林分構造は多様な姿となる。

　AFIは、持続可能な管理のための技術開発と実証のために、フランス国内を中心に、ベルギー、イギリス、アイルランド、ルクセンブルクも含めて90か所の恒久的な研究プロットのネットワークを擁している。それぞれの研究プロットが、ナラ林の不規則管理技術、広葉樹林の混交林管理、一斉林の多様な構造の林分への転換技術などのテーマを有している。これらの研究プロットは、10年以上にわたってCCFを行い、技術的経済的データを提供する意思のある者が所有・管理する5〜15ヘクタールの森林であり、持続可能な管理のための不規則林分のデータベースとしてはヨーロッパで最大のものの一つである。AFIは、不規則林分の施業方法についてのガイドラインの取りまとめや情報交換を実施してきており、2011年には、その20年間の成果をとりまとめた冊子を発行している³⁾。本冊子の原書はフランス語であるが、英語、ドイツ語にも翻訳されており、近年は国際的なネットワーク展開を図っている。本冊子では、CCFの目的として、「経済的、生態的、社会的なアウトプット（産出量）、すなわち、財産と人々の保全、国民のアクセス、水源保全などの最大化を図るための最善の妥協案を見出す」としている。また、不規則森林管理は、

注2) Continuous Cover Forestry／CCFの和訳は本稿では、「常時被覆林業」とする。

「全ての林齢、サイズの樹木からなる不規則な林分構造を用いて、木材生産と生態系サービスの最適化を図る」と定義されている。

3）常時被覆林業（CCF）の現地を見る

　プロシルバ・イギリス前代表のフィル・モルガン氏に、ウェルズ地方のCCFの現地を案内してもらう機会を得た。氏はヨーロッパ各地でCCFの推進を図っており、FSC（森林管理協議会）のグループ認証の支援も行っている。皆伐を極力行わずに間伐を繰り返し、暴風などによって発生した林内のギャップに天然更新した稚樹を生かして、多層かつ広葉樹が混交した不規則林分への誘導を図っている（写真）。「経済性を犠牲にせずに、いかに豊かな生態系を作り出し、その数々の恩恵を得るか？」この困難ながら、とても魅惑的なテーマを追い求めているのである。

イギリス・アベリストウィス近郊のCCFによる森林管理サイトとフィルモルガン氏。天然更新した稚樹と残置された枯損木に注目。
（2019年11月撮影）

2 「EU森林戦略2030」の注目点[4]

1）はじめに

　「EUグリーンディール」（2019年12月）や「EU生物多様性戦略2030」（2020年5月）を踏まえて、2021年7月に「EU森林戦略2030」が公表された。本戦略は、（1）農村地域の活性化と持続可能な森林バイオエコノミーの拡大による森林の社会経済的機能の支援、（2）気候変動や生物多様性減少を防ぎ強靭かつ多機能な森林生態系を確保するための森林の保全・修復・拡大、（3）

戦略的な森林モニタリング・報告・データ収集、（4）強力かつ革新的な研究
計画、（5）包括的かつ首尾一貫した森林ガバナンス体系、（6）法体系の実行
の強化の6項目からなる。

　本節では、主として（1）のなかの木材バイオマスエネルギーの持続可能
な利用の確保、（2）のなかの森林の修復と持続可能な森林管理のための生態
系立脚型アプローチの導入、および森林の質・量の改善のための森林所有
者・管理者に対する資金的インセンティブについての記述を見る[5]。

2）カスケード利用の徹底と丸太のエネルギー使用の最小限化

　項目（1）では、木材・非木材森林産品が持続可能で気候ニュートラルな
循環経済への転換のために鍵を握っているとし、①（ヨーロッパにおける建
築材料のうち木材製品は3%に満たない現状から）長寿命の木材製品による
持続可能な森林バイオエコノミーの推進、②木材バイオエネルギーの持続可
能な利用の確保、③（森林経済の20%を占める）エコツーリズムなどを含
めた非木材経済の拡大、④持続可能な森林バイオエコノミーのための技術開
発と能力開発を含めている。

　②で木材バイオマスはヨーロッパの再生可能エネルギー全体の60%を供
給しており、2030年までに55%の排出削減という目標達成のために再生可
能エネルギー比率の一層の拡大が要請されるなか、木材バイオエネルギーの
持続可能な利用を確保するため、カスケード利用の徹底と丸太等の利用の最
小限化を図るとしている。2000年以降の20年間にヨーロッパ全体の木材バ
イオマス利用は20%増加しているが、その内訳を見ると49%が残材等であ
るが、依然37%は低質材などの丸太が使用されている。さらに、2018年の
再生可能エネルギー指令に天然林からのバイオエネルギー材料の禁止措置を
追加することとしている。

3）自然に近い林業（CTNF）等の推進と皆伐の限定化

　項目（2）では、①（ヨーロッパ地域の3%に過ぎない天然林・老齢林の
保全のため）当該森林の地図化作業の速やかな実施、②気候適応と強靭性（レ

222

BROZという地域組織が保全活動を行っているドナウ川（左側）の氾濫原の森林（オーストリア側）
（ブラティスラバ・スロバキア、2019年10月撮影）

ジリエンス）の確保のための森林修復と持続可能な森林管理の推進、③（EU生物多様性戦略2030に基づき30億本以上の追加的な木を植えるなど）生物多様性に富む森林の造成、④森林の質・量の改善のための森林所有者・管理者に対する資金的インセンティブを含めている。

②で多くの機能を同時に実現させるため、非皆伐施業、常時被覆林業（CCF）、枯れ木の残置[注3]などの生態系立脚型アプローチ（Ecosystem-based Approach）を推進することとしている。生物多様性保全の優良事例として、プロシルバの自然に近い林業（CTNF）のフォレスター／参考林の国際ネットワーク、ドイツのヴァルトンバウ（Waldumbau）（モノカルチャーから、生物多様性がより高く、気候変動にもレジリエントな森林への転換）などを挙げ、自然に近い林業（CTNF）についての共通の定義とガイドラインの策定、およびCTNFについての自主的な認証制度の創設を掲げている。その一方で、皆伐など地上部の生物多様性や地中部の炭素の喪失を招く施業については、正当性が説明できる場合に限定すべきとしている。

注3）第3次国家森林資源調査報告によれば、ドイツでは森林内の枯れ木の量は平均で20.6㎥／ha（49％は倒木、23％は立枯木、28％は根株）であり、10年前に比較して18％増加した。

自然に近い林業（CTNF）の実
施箇所。手前の高品質なナラの
木を伐採して、収入確保と後継
樹の育成を図る。
（コットンフォレスト・ドイツ、
写真提供：Jakob Derks、
2021年4月撮影）

4）森林所有者・管理者に対する生態系サービスへの支払い（PES）

（第1編第3章32頁を参照）

▌3　イギリスにおける森林拡大・国民のアクセス促進策（1）[6]

1）カーボンネットゼロの実現のための森林の拡大計画

　2050年カーボンネットゼロを公約しているイギリスでは、2020年1月に出
されたイギリス気候変動委員会の「ネットゼロのための土地利用報告書」が、
毎年3万ヘクタール（9,000万〜1億2,000万本）以上の植林を行い、2050年
までに森林による年間炭素吸収量14 MtCO2eに加えて、収穫された木材に
よって追加的に14 MtCO2eを確保すること、このために現在の森林被覆率
13.3%を2050年までに17%までに引き上げることを勧告した[7]。ちなみに、
13.3%の森林被覆率は他の先進諸国などと比較するとかなり低いが、1905年
当時のイギリスの森林被覆率は4.7%であり、この約150年間に2.8倍に増加
している[8]。

　これを受けてイングランドでは、2021年5月に気候変動と生物多様性の喪
失という危機に対応するために、「樹木行動計画（Trees Action Plan）2021-
2024」が公表され、樹木の植栽量を大幅に増やすとともに、現存する樹林地
の保護と改善を図り、カーボンネットゼロと自然回復ネットワークの形成

に寄与することとされた。年間3万ヘクタールの植林という野心的な計画を実現するため、2020〜2025年までに気候自然基金（Nature for Climate Fund）の6億4,000万ポンドのうちの5億ポンドを樹木と樹林地のために使用することとしている。さらに、植林は単に炭素吸収の効果だけではなく、生物多様性保全など自然の多様な価値を人々にもたらすことを期待しているため、植栽するものの大半は郷土樹種の広葉樹としている[9]。

2）パブリックアクセスが前提の都市緑化や樹林地外の樹木の増加を推進

また、都市近郊の緑化を図るため、2021年4月に気候自然基金のなかに都市近郊樹木チャレンジ基金が設けられ、2023年までの2年間に44,000本の植林が行われることとなった[10]。地域にとって最も環境的社会的便益が高く、費用当たりの効果が高いプロジェクトがコンペ方式で選ばれる。本基金の特徴はパブリックアクセスが前提となっていることであり、学校の校庭の植林など特段の強い理由がない限り、一般の人々が訪れて植えられた木々を見ることができるなど、応募時にパブリックアクセスの詳細を明らかにすることを求めている[10]。

さらに、河川の堤防、ヘッジロー、公園、都市区域、道路やフットパス周辺、空き地など樹林地以外の場所の樹木を増やすため、気候自然基金のなかに地方部局樹木景観基金が設けられ、2021年度には270万ポンドが予算化された。

ケンブリッジ大学植物園内にある推定樹齢150年のハイブリッド・オーク
（ケンブリッジ・イングランド、2019年12月撮影）

同。解説板　　　　　　　　　　　　　　　　　（同上）

地方部局がコミュニティグループ、ボランティア、NGOなどと連携する5万〜30万ポンド規模のプロジェクトが50件程度選定される予定で、炭素吸収や洪水予防、生物多様性保全、断片化された生息地の接続などの効果が期待されている[11]。

3）森林造成のためのPESスキーム

　上記の計画などに基づいて、期待される具体的な公的便益（生態系サービス）を明示して、それらを生む森林造成を加速化させるためのインセンティブとしてのPES（生態系サービスへの支払い）スキームがイギリスでは急速に増えている。公的なスキームが現在は大きなドライバーとなっているが、これは将来大規模な民間資金を呼び込むことへの大きな期待が背景にある[8]。

　2021年5月に公表された林業委員会の「イングランド樹林地造成オファー（EWCO）」は、新規森林造成にかかる標準費用、10年間の毎年の若齢造林

水辺で釣りをする人
（ケンブリッジ・イングランド、2019年12月撮影）

地維持費用、樹林地の管理のためのイ
ンフラ整備またはレクリエーションの
ためのアクセスを図るための費用、他
の任意の追加的な公的便益の4種類に
対して支払いを行っている。他の任意
の追加的な公的便益としては、以下の
ものがある（（　）内は支払い額）：
自然や種の回復（2,800ポンド以下／
ha）、洪水リスクの低減（500ポンド／

フットパスでもよく見かけるヨーロッパ
コマドリ（ケンブリッジ・イングランド、
2020年1月撮影）

ha）、水質改善（400ポンド／ha）、水辺の生息地を改善するバッファー（1,600
ポンド／ha）、集落付近での森林造成（500ポンド以下／ha）、国民のレク
リエーション利用のためのアクセス提供（2,200ポンド以下／ha）。なお、
複数の便益を生む場合は複数の助成を同時に申請することができる[12]。

　また、2021年7月にウェルズ国有林が公表した「樹林地投資助成金（TWIG）」
は、将来の国有林への編入可能性も視野に入れつつ、既存の樹林地を良く管
理して人々がアクセスでき、地域住民が参画できるように改善するための
100%の資金を提供する。具体的には、フットパスの整備や生物多様性保全の
ための生息地の造成など、訪問者を歓迎し、アクセスしやすい魅力ある状態
を創るための1万～25万ポンドのプロジェクトを支援している[13]。

4）持続可能な農業に対するPESスキーム

　農業に対するPESスキームも同様である。2021年3月には、2018年に策
定された環境25年計画と2050年カーボンネットゼロの公約の実現に向けて
地域経済を支援するために、持続可能な農業、地域の自然回復、景観の回復
を図るための環境土地管理スキームが設けられた。本スキームでは、契約し
た農家や土地管理者による、水質・水量の改善、清浄な空気、動植物の生息、
環境危害防止、気候変動の緩和・適応、環境の美・伝統などを提供する活動
に対して支払いが行われる[14]。

　また、2021年6月には、持続可能な農業のためのインセンティブのパイロッ

ト事業として、農地樹林地基準が定められ、平均幅20m以上、0.5ヘクタール以上の林齢15年生以上の樹林地（15年生未満の場合には樹林地を維持するための任意の活動を行うことで対象となる場合がある）であるという基準に該当する場合、年間ヘクタール当たり49ポンドが支払われることになった。さらに、樹林地の拡張を行う場合の資金や追加的な活動に対しても支払われる。このことによって、野生生物の生息地を提供し、炭素の蓄積を増加させるとともに、ヘクタール当たり20㎥の枯死木（立ち木および倒木）を残置させることが目標とされている[15]。

ヘッジローには木の実も多い
（アベリストウィス・ウェルズ、2019年11月撮影）

さらに、2021年7月には、同パイロット事業として入門、中級、発展の3レベルのヘッジロー基準が定められ、基準に該当する場合に100m当たりそれぞれ16ポンド、21ポンド、24ポンドが支払われることとなった。入門レベルでは、2つの要件がある。一つは、1年間に伐採するヘッジローは全体の半分とするよう伐採のローテーションを組むことである。これは、鳥や昆虫のために花粉・花蜜の量やベリー類を増やすためである。もう一つは、ヘッジローの400mごとに樹木を維持することである。中級レベルになるとヘッジローで維持すべき樹木は200mごととなり、さらに上級レベルになると100mごとになる。これは、均等に分布させる必要はないが、既存の樹木を維持し、必要に応じて植栽も行うこととなっている[16]。

　また、2022年からは、農民が協働で地域の環境向上を図ることを支援するため、地域の自然回復と地域の環境のプライオリティの高い活動に支払いを行う「地域自然回復スキーム」のパイロット事業が始まる（2024年から本格開始）。同様に、長期的な活動によって大規模な植林やピートランドの修復などによって地域の景観や生態系の回復を行う「景観回復スキーム」も2022年から10のパイロットプロジェクトが開始される（2024年から本格開始）[17]。

ヘッジローに維持されるナ
ラの大木　　　　（同上）

　なお、環境土地管理スキームについての支払いは、収入減少＋費用を支払う従来の手法では農民等の良いインセンティブとはならないということが明らかになりつつあり、それに代わる結果支払い、ポイント方式の支払い、自然資本を基礎とした支払いなどが試行されている[8)][18)]。

4　イギリスにおける森林拡大・国民のアクセス促進策（2）[19)]

1）自然への投資を増やすための社会変革に向けて

　2021年2月に公表された生物多様性の経済学：ダスグプタ・レビューは、自然資本への財政投資は年間780〜1,430億ドル：世界の名目GDPの約0.1%に過ぎず、自然資産の今以上の減少を防ぐためには、絶対額的にも比較額的にも不十分であることを指摘している。一方で、自然資産に害を与え、持続不可能な利用を促進させる頑迷な補助金がGDPの5〜7%もあるとしている。自然資産を維持していくためには、これらの補助金をなくし自然資本への投資を増やすことが不可欠となっているのである[20)]。

　サウサンプトン地域における追加的な森林造成を行うための資金拠出についての支払い意志などについて、地域住民や企業の意向を調査した2020年の研究は、都市近郊地域における生態系サービスの支払い（PES）についての数少ない研究の一つである。それによれば、森林造成費用については、ヒアリングを行った30の企業のうちの30%は汚染企業が支払うべきである、

67%が全ての企業が支払うべきであると考えており、全体の97%が支払いを行うべきと考えている。また、その動機としては多い順に、社会的評価の向上、CSR戦略、従業員の健康向上、気候適応となっている。さらに、森林造成を行う目的としては、多い順に大気の質の向上、洪水リスクの減少、景観の向上、従業員の健康向上、野生生物の生息地、騒音低減、二酸化炭素の減少、顧客の勧誘、夏季の暑さ対策となっている[21]。

　前節で述べたようにイギリスでは、森林関係の生態系サービスへの支払い（PES）スキームへの期待が高い。2021年7月には、環境食料農村省（DEFRA）と環境庁によって自然に対する民間投資を促すための1,000万ポンドの自然環境投資準備基金が設立された。環境グループ、地域グループ、ビジネスなどの組織が民間投資を促すような革新的な自然プロジェクトを行うために10万ポンドまでの助成を行うものであり、森林造成を促すことにより様々な生態系サービスを生む内容のプロジェクトが策定されている。例えば、Warwickshire炭素環境マーケットプロジェクト（72,000ポンド）は、Warwickshire郡委員協議会が現存する生物多様性純増マーケットを拡張して、カーボンクレジットによる植林や水源サービスを含めることを目的としている[22]。

2）森林造成によるカーボンクレジットの取引など

　イギリスでは、英国樹林地カーボン規則（WCC）に基づく森林造成によるカーボンクレジットが自主的な炭素市場において取り引きされている。WCCは、国際的なボランタリーな炭素削減・オフセットの連合体であるICROAの認証を得ており、民間企業が排出量のオフセットやカーボンニュートラルの達成のために売買をしている[23]。2021年9月現在で1,176件、面積44,696ヘクタール、プロジェクト期間中の炭素吸収量の合計15.4M tco2eの森林造成プロジェクトが申請済みであり、そのうちの99件、3,246ヘクタール、1.5M tco2eが認証済みとなっている[8]。

　樹林地カーボンとして保証されたカーボンクレジットは、市場における売却がいつでも可能であるだけでなく、2055／2056年までの間、5年または10年ごとにイギリス政府に定められた価格で売却することが可能となって

いる[24]。今後は収穫された木材製品もWCCに含めることが検討されている。

3) 民間団体による森林造成等の推進

　民間団体による森林造成の支援・推進も盛んに行われている。

　イギリス最大の樹林地慈善団体であるウッドランド・トラスト（Woodland Trust）は、民間企業の樹林地カーボンマーケットへの参入の促進支援のための活動を行っている[25]。また、第3編第3章第5節で紹介したナショナルトラストは、2030年までに所有地において2,000万本の植林を行うという独自の目標を達成するために、募金5ポンドで苗木1本、25ポンドで苗木5本、50ポンドで苗木10本、250ポンドで500㎡の樹林、2,500ポンドで0.5ヘクタールの森林など、貢献額と結果を具体的に示して募金活動を行っている[26]。さらに、国際的な環境保全団体であるワールド・ランド・トラスト（World Land Trust）は、世界各地の生態的に重要で危機に瀕している地域の保全活動を重点的に行っており、ウェブサイトにおいて5ポンドの募金を呼びかけている[27]。

4) 国有林も有料会員制度を開始

　イギリスでは多くの人が郊外に出かける習慣があることを第3章第5節で述べたが、人々の森へのアクセスとふれあいを促進する多様な仕組みが設けられている。

　ほとんどの公有の森林は、徒歩や自転車で訪問する場合は無料である。しかし、駐車場は有料のことが多く、乗馬など一部の特別な活動については許可券の購入が必要となっている。例えば、北アイルランドでは、年間駐車料金が50ポンド（60歳以上は半額）、年間ミニバス駐車料金が120ポンド（同60ポンド）、年間のモーターバイクの許可が24ポンド（同12ポンド）、結婚の写真撮影が80ポンド、乗馬一日券が9ポンド、乗馬年間券が90ポンドなどとなっている[28]。最近は有料化の事例が増えており、例えば、GloucestershireのWestonbirt植物園では、駐車料金や子ども同伴が無料となり各種イベントなどの割引が受けられる年間40ポンドの会員制度を設けている。また、イギリスの国有林の管理経営を行っている林業イングランド

（Forestry England）も同様な有料サービスを開始しており、例えばアリス
ホルト国有林では年会費70ポンドを支払えば駐車料金が無料になる仕組み
を設けている。

アリスホルト国有林のビジター
センター　　（2019年11月撮影）

アリスホルト国有林ビジターセ
ンターにあるドッグウォッシン
グマシーン　　　　　（同上）

5）レクリエーションPESの台頭

　レクリエーション利用や森林墓地などのサービスを提供する民間企業も出
てきている。また、他のヨーロッパ諸国と同様に、森林浴など森林の人間の
健康に与える効果に対する関心が高まってきている。

　例えば、民間企業のGoApeは、イギリス内25か所で森林アドベンチャー
を経営している。また、Woodland Burialsは、Wildlife Trustの指導を受け
て管理経営している記憶の森（Woodlands of Remembrance）と称する森の
なかでの埋葬を行っており、伝統的な埋葬方法と比較すると環境にやさしく
低コストで永続的であるとそのウェブサイトでPRしている。また、森林浴

を推進する民間企業も出てきている。例えば、Forest Batheという企業は、公認ガイド付きの2時間の森林浴1人25ポンド、2人50ポンドのギフトカードをウェブサイトで販売している。

6）レクリエーション経営を推進するニューフォレスト国有林

　イングランドでは、森林の84％が民有林であるが、イギリス・イングランド地方南部のWinchester, Dorking、Brokenhurstの近くには旧王室林のニューフォレスト国有林があり、林業イングランドが管理経営を行っている。地質学的、歴史的な価値を有する区域も含み、年間訪問者が100万人のレクリエーション利用の盛んな地域である。レクリエーション利用が盛んな国有林では、駐車場収入が木材販売収入を超える年があるということを聞いたが、ニューフォレスト国有林では収入の45％が木材販売、20％がレクリエーション利用となっている。キノコ採取は2017年までは1人1.5kgまで認められていたが、不法移民らによるキノコの商業採取が目立つことから、2018年からはキノコ採取は全面的に禁止となった。

ニューフォレスト国有林内　　　　　　　　（2019年11月撮影）

　また、ロンドンから車で6時間程度の距離にあるMoors Valley森林センターは、地元の協議会（10～12名のスタッフ）と林業イングランド（7名のスタッフ）のジョイントベンチャーとして運営されている。年間100万人の訪問者があり（うち2割は地元客）、駐車場収入が年間56万ポンド、アドベンチャー森林による収入が8万ポンドであり、その他レストラン収入などを含めて120万ポンドの年間収入を得ている。GoApeなどのアドベンチャーの仕掛けが設置されており、それらの利用料（GoApeの場合は一回20ポン

ド）は、駐車料金とは別に支払うようになっており、収益の一定割合が国有林にも入る仕掛けである。このほか、アドベンチャーサイクリング、ナイトラン、パークランなどのチャリティーイベントが毎土曜日の午前中に開催されている。駐車料金は一日12ポンド（冬季は一日1.5ポンド）となっている。Moors Valleyの森は、スコッチパインの壮齢の単層林が多いが、場所によってはカンバ類が侵入してきている。木材生産経営からレクリエーション経営への転換が行われている現在、常時被覆林業（CCP）によってこれらの広葉樹を育てていくことで、レクリエーション利用にとってより魅力のある混交林への転換が図られていくであろう。

Moor Valley森林センターの林内にあるアドベンチャー施設の一つ（ニューフォレスト国有林、2019年11月撮影）

Moor Valley森林センター内を散策する人達（2019年11月撮影）

■ あとがき

　本書を最後までお読みいただき、ありがとうございました。

　この原稿を書いている現在、ロシアによるウクライナ侵攻が始まって一か月以上が経過しています。過去の戦争の深い反省から無益な戦争を止めるという人類の誓いはどうして守られないのでしょうか?

　核戦争以外で人類の破滅をもたらすとされているものが、地球環境問題です。地球温暖化問題や生物多様性保全の問題は、国際条約ができてクローズアップされるようになってからすでに30年以上も経っており、もはや議論ではなく、迅速な行動を起こすことが必要になっています。IPBESグローバルアセスメントレポートが指摘している現代社会経済システムの根本的変革の実現を図るために、政府機関や研究機関だけでなく、民間企業も個人も世界中の人々が力を合わせなければなりません。人類はすでに自然システムや環境を大規模に破壊できる能力を身につけてしまいましたが、アルド・レオポルドが言ったように、人類が地球の独裁者ではなく、一市民であるという態度をとらなければ、これからも人類自身の存続危機が続くでしょう。また、ガンジーの言のように、greedがなければneedsは満たされるのです。

　本書は「森と共生し、森とつながる」という副題のとおり、森林・自然環境という側面のみから見たものですが、増大する一方の人類の多様かつ複雑なニーズに持続可能な形で応えていくことがいかに難しいかということを改めてお感じになったかと思います。地球の独裁者でなく、一市民として森林自然環境に接し、様々な恩恵を受けていく。そのような理想の姿は、固有の文化的伝統に根ざしているそれぞれの地域の特性のベースの上に生まれる数々のイノベーションの先に見出すことができるでしょう。本書で紹介した世界各地のユニークな取り組みの一端が、このことを考える上で少しでも参考になればと思います。

　本書をお読みになった皆さまがこの本で取り上げた難題を解決するために

歩み出されること、また、今後、そのような意欲のある皆さんの歩みと協働
して取り組む機会があることを祈念しております。

　本書出版にあたり上智大学出版事務局と（株）ぎょうせいの皆さまには大
変お世話になりました。ありがとうございました。

■参考文献

第1編　SDGsの実現と森林

第1章　森林とSDGsとの関わりについて

1　フォレスターはSDGsの先駆者か？

1）柴田晋吾. 2006. エコ・フォレスティング. p. 134他. 日本林業調査会. pp. 132-133.

2）柴田晋吾. 1988. アメリカにおける自然保護問題について.「林業技術」誌No. 561. pp. 36-38

3）柴田晋吾. 2019. 環境サービス林業（生態系サービス林業）のビジョン.「森林技術」誌No. 925. pp. 28-31.

4）柴田晋吾. 2019. 基調講演資料.「生態系サービスビジネスの黎明—緒外国に拡がる野生、自然と健康に根ざした新たなサービス経済」森林×SDGsで拓く森林イノベーションシンポジウム. 国土緑化推進機構

2　SDGs時代の森に何が望まれているか？

5）農林水産省林野庁. 2016年度森林・林業白書

6）森づくりフォーラムシンポジウム資料（平成29年度第1回都政モニター「東京の森林・林業と水産業」）

7）AFoCo. 2018. A Case of Forest Policy Evolution in Korea. Presented at FAO Workshop, RAP.

8）Franklin Jerry F., Johnson K. Norman, Johnson Debora L. 2018. Ecological Forest Management.

9）Georg Winkel, Dennis Roitsch, Marko Lovric. 2021. Presentation資料. International Symposium: Exploring the Importance of Cultural Forest Ecosystem Services（FES）in an International Perspective-Towards New Forest-related Business Opportunities?. Nov. 2021.

10）Stockholmresilience center. http://www.stockholmresilience.org/research/research-news/2016-06-14-how-food-connects-all-the-sdgs.html

3 どうしたら持続可能を実現できるのか？

11) 柴田晋吾. 2022. 世界の森からSDGsへ.「グリーンパワー」誌ウェブ版. SDGs の実現のために社会変革をどう起こすのか（1）（2）2022-6, 2022-7.

12) FAO. 2020. State of World Forests.

13) IPBES. 2019. Global Assessment Report on Biodiversity and Ecosystem Services.

14) IPBES. 2020. Global Biodiversity Outlook 5.

15) 環境省. 2020. 令和2年版環境白書・循環型社会白書・生物多様性白書

16) Cosphere（https://www.cosphere.net/leveraging-change）

17) 令和2年度版 環境白書. 第一部第一章第3節.

18) Kai M. A. Chan, Patricia Balvanera, Nancy Turner et.al. 2016. Why protect nature? Rethinking values and the environment. PNAS. February 9, 2016. Vol. 113. No. 6

19) Kai M A. Chan, David R. Boyd, Rachelle K. Gould, Jens Jetzkowitz, Jianguo Liu, et. al. 2020. Levers and leverage points for pathways to sustainability. People and Nature. 2020; 2: pp. 693-717.

20) 上智大学国際協力人材育成推進センター主催. 2021.「持続可能な社会を構築するための社会変革と森林」についての国際シンポジウム

21) 柴田晋吾. 2018. 森林環境税は環境価値の高い国民協働の契機に. 読売オンライン「ニュースを紐解く」

第2章 「フォレスティング」から始まる森との新たな関係

1) フォレスト21 "さがみの森" の森づくり連絡協議会. 2020. フォレスト21 "さがみの森" の森づくり～仙洞寺山の魅力発見～. p. 14

2) 柴田晋吾. 2014. 書評Richard Louv. Last Child in the Woods. Saving Our Children from Nature-Deficit Disorder.「地球環境学」誌9. pp. 131-132.

3) Schwartz Aaron J., Peter Sheridan Dodds, Jarlath P. M. O'Neil-Dunne, Christopher M. Danforth and Taylor H. Ricketts. 2019. Visitors to urban greenspace have higher sentiment and lower negativity on Twitter. People and Nature. British Ecological Society.

4) 柴田晋吾. 2019. 基調講演資料.「生態系サービスビジネスの黎明―諸外国に拡が
る野生、自然と健康に根ざした新たなサービス経済」: 森林×SDGsで拓く森林イ
ノベーションシンポジウム. 国土緑化推進機構

5) 柴田晋吾. 2019. 環境にお金を払う仕組み―PES（生態系サービスへの支払い）
が分かる本. 大学教育出版

6) 柴田晋吾. 2017. 伝承と革新の協奏がフォレスターの未来を拓く―「生態系サー
ビス林業」のビジョンと胎動;「森林と林業」誌論壇pp. 4-5; 柴田晋吾. 2020. 生
態系サービス林業／森林サービス産業とイタリアにおける先駆的取り組み. 第
131回日本森林学会大会学術講演集. p. 201

7) 柴田晋吾. 2006. エコ・フォレスティング. p. 134. 日本林業調査会. 5P.

8) Brian Palik and Anthony D'Amato. 2022. What is Ecological Silviculture.
Teaching Ecological Silviculture. etc. Forestry Source. May 2022. pp. 4-11.

第3章　SDGs時代の広義の森林ビジネスの展望

1) 柴田晋吾. 1978.「林業」に代わる語彙:「森林業」の提案. 筒井迪夫教授・林政
学演習レポート

2) 柴田晋吾. 1983. 新たな森林政策と森林業. 21世紀の森林を考える会主催セミナー
口頭発表資料. 札幌市; 柴田晋吾. 2001. 海外勤務処方箋Buongiorno FAO（ボンジョ
ルノ・ファオ）「林業（timber forestry）」から「森林業（holistic forestry）」へ―「複
眼フォレスター」が切り拓く21世紀の環境共生社会.「林業技術」誌No. 706.

3) Shingo Shibata. 2017. Vision of Innovative "Ecosystem Services Forestry"
-Its Potential and Significance. Society of American Foresters (SAF) National
Convention. Albuquerque.; 柴田晋吾. 2017. 伝承と革新の協奏がフォレスターの
未来を拓く―「生態系サービス林業（ESF）」のビジョンと胎動.「森林と林業」
誌論壇pp. 4-5; 柴田晋吾. 2019. 環境サービス林業（生態系サービス林業）のビ
ジョン.「森林技術」誌No.925 pp. 28-31; 柴田晋吾. 2020. SDGsの実現に貢献する
PESと野生・自然・健康に根ざした新たなサービス経済 Sustainability. 2021. 13
(15). 8307.「生態系サービスビジネス／生態系サービス林業」の国際動向.「地球
環境学」誌11. pp. 153-170ほか

4) Benjamin S. Thompson. 2021. Corporate Payments for Ecosystem Service in

Theory and Practice: Links to Economics, Business, and Sustainability.

5）柴田晋吾. 2019. 環境にお金を払う仕組み. 大学教育出版

6）European Commission. 2021. Communication from the commission to the European parliament, the council, the European economic and social committee and the committee of the regions. New EU Forest Strategy for 2030. pp. 16-20.

7）柴田晋吾. 2020.「森林生態系サービスビジネス」を拓く ―「森林業」の再定義とその実現に向けて―「RE」誌 No. 212. 特集：木のチカラ.

8）林野庁. 2018. 森林サービス産業検討委員会報告書

9）柴田晋吾、柘植隆宏、高橋卓也. 2021. 森林の生態系サービスの提供者としての森林所有者の意識について.「山林」誌 No. 1649.；柴田晋吾. 2021. 森林サービス産業の国際動向と森林所有者の意識について.「杣径」誌 No. 61.

第４章　日本の森林所有者の意識と取り組み

1）柴田晋吾、柘植隆宏、高橋卓也. 2021. 森林の生態系サービスの提供者としての森林所有者の意識について.「山林」誌 No. 1649.；柴田晋吾. 2021. 森林サービス産業の国際動向と森林所有者の意識について.「杣径」誌 No. 61.

2）柴田晋吾. 柘植隆宏. 高橋卓也. 2021. 森林の生態系サービスの提供者としての森林所有者の意識について. 日本森林学会報告資料

3）Shingo Shibata, Nationwide Survey Result of Forest Owners' Attitude toward Provision of Forest Ecosystem Services in Japan. Exploring the importance of Cultural Forest Ecosystem Service in an international perspective - Towards new forest - related business opportunities?「文化的森林生態系サービスの重要性を国際視点で探る」国際シンポジウム（2021年11月15日）における報告資料

4）Gillian Petrokofsky, Peter Kanowski, Nick D. Brown and Constance McDermott. 2015. Chapter 3. Biodiversity and Forest sector. Biodiversity in the Green Economy. pp. 32-59. Routledge. Alexandros Gasparatos, Katherine J. Willis. ed.

5）Mäntymaaa. Erkki Juutinen Artti, Liisa Tyrväinen, Jouni Karhu, Mikko Kurttila. 2018. Participation and compensation claims in voluntary forest landscape conservation: The case of the Ruka-Kuusamo tourism area, Finland.

6）みちのくあじさい園 ウェブサイトおよび聞き取り資料. 2021年9月

第5章　生態系サービスビジネスとPESの国際動向

1）柴田晋吾. 2017.「伝承と革新の協奏がフォレスターの未来を拓く—「生態系サービス林業（ESF）」のビジョンと胎動」.「森林と林業」誌論壇pp. 4-5；柴田晋吾. 2019. 基調講演資料.「生態系サービスビジネスの黎明—諸外国に拡がる野生、自然と健康に根ざした新たなサービス経済」：森林×SDGsで拓く森林イノベーションシンポジウム. 国土緑化推進機構

2）Mercer D. Evan, Cooley David, Hamilton Katherine. 2011. Taking Stock: Payment for Forest Ecosystem Service in USA.

3）Blue Forest Conservation. 2017. Forest Resilience Bond. Fighting Fire With Finance. A Roadmap For Collective Action.

4）Salzman James, Bennett Genevieve, Carroll Nathaniel, Goldstein Allie and Jenkins Michael 2018. The Global Status and Trends of Payment for Ecosystem Services. Nature Sustainability. Vol. 1. 136-144.

5）Cordell. H. K. 2012. Outdoor Recreation Trends and Futures. A Technical Document Supporting the Forest Service 2010 RPA Assessment.

6）SINCERE - Spurring INnovations for forest eCosystem SERvices in Europe （sincereforests.eu）

7）Mäntymaaa Erkki Juutinen Artti, Liisa Tyrväinen, Jouni Karhu, Mikko Kurttila. 2018. Participation and compensation claims in voluntary forest landscape conservation: The case of the Ruka-Kuusamo tourism area, Finland.

第2編　人々の健康とレクリエーションのために森を活かす

第1章　アメリカ編

1　野外レクリエーション利用と歴史的経緯

1）柴田晋吾. 2016. 持続可能なレクリエーション. アメリカ編（1）「森林レクリエーション」誌345. pp. 4-8.

2）柴田晋吾. 2016. レクリエーション・フォレスターの時代.「森林レクリエーション」誌344. 窓3p

3）Poggendorf Lorenz and Shibata Shingo. 2017. Forest Kindergartens and

"Nature Deficit Society - Practical Review of "Waldkindergärten" in Germany and Their Implications for "Mori no Yōchien in Japan" Sophia University Global Environmental Studies Journal. No. 12.

4）柴田晋吾. 1988. 米国のレクリエーション事情. 地方林政技術者懇談会会報No. 79.；Society of American Foresters. Journal of Forestry. Jan. 1986.

5）Hammitt. William E., Cole David N. and Monz Christopher A. 2015. Wildland Recreation: Ecology and Management, 3rd Edition. Wiley Blackwell.

6）Harris A. and Aiken R. 2012. Status and Trends in Hunting and Wildlife Watching on Public and Private Lands. Invited Paper. Outdoor Recreation Trends and Futures. A Technical Document Supporting the Forest Service 2010 RPA Assessment.

7）Cordell H. Ken. 2012. Outdoor Recreation Trends and Futures. A Technical Document Supporting the Forest Service 2010 RPA Assessment.

8）Outdoor Industry Association. 2012. The Outdoor Recreation Economy. （available: www.asla.org/uploadedFiles/CMS/Government_Affairs/Federal_Government_Affairs/OIA_OutdoorRecEconomyReport2012.pdf）

2 野外レクリエーション利用の課題

9）柴田晋吾. 2016. 持続可能なレクリエーション. アメリカ編 (2)「森林レクリエーション」誌346. pp. 8-11.

10）USDA Forest Service. 2010. A Framework for Sustainable Rereation.

11）USGAO. Report to Congressional Requesters. 2013. Forest Service Trails. Long-and Short-Term Improvements Could Reduce Maintenance Backlog and Enhance System Sustainability.

12）柴田晋吾. エコ・フォレスティング. 日本林業調査会. p. 241, 244.

3 近年の野外レクリエーション利用の動向

13）柴田晋吾. 2016. 持続可能なレクリエーション. アメリカ編 (3)「森林レクリエーション」誌347. pp. 4-8.

14）Cordell H. Ken. 2012. Outdoor Recreation Trends and Futures. A Technical

Document Supporting the Forest Service 2010 RPA Assessment. ; Butler Brett J. 2012. Recreation on Private Forest Land in the United States. Invited Paper. Outdoor Recreation Trends and Futures. A Technical Document Supporting the Forest Service 2010 RPA Assessment.

15) The Forestry Source. September 2012. Vol. 17, No. 9 ; USDAFS. National Visitor Use Monitoring Results. USDA Forest Service National Summary Report. Last Updated 20 May 2013.

16) Cordell H. Ken. 1999. Outdoor Recreation in American Life: A National Assessment of Demand and Supply Trends. Sagamore Publishing.

17) 日本経済新聞. 2015.12.5付け夕刊記事4ページ。

4 青少年の外遊びの状況と野外レクリエーション利用についての国際比較

18) 柴田晋吾. 2016. アメリカにおける近年の野外レクリエーション利用の動向と私有地へのアクセス.「地球環境学」誌11. pp. 153-170.

19) Richard Louv. 2005. Last Child in the Woods. Saving our Children from Nature-Deficit-Disorder. Algonquin Books ; 柴田晋吾. 2014. 書評. Richard Louv. Last Child in the Woods. Saving Our Children from Nature-Deficit Disorder.「地球環境学」9. p. 131.

20) Simon Bell, Liisa Tryväinen, Tuija Sievanen, Ulrike Probstl and Murray Simpson. 2007. Outdoor Recreation and Nature Tourism: A European Perspective, Living Rev. Landscape Res. 1.

21) Hammitt William E., Cole David N. and Monz Christopher A. 2015. Wildland Recreation: Ecology and Management, 3rd Edition. Wiley Blackwell.; Hammitt. W. E. and Cole. D. N. 1987. Wildland Recreation: Ecology and Management. John Wilcy & Sons.

5 野外レクリエーション利用と私有地の位置づけ

22) Teasley R. Jeff, Bergstrom John C., Cordell H. Ken, Zarnoch Stanley J. and Gentle P. 1999. Private Lands and Outdoor Recreation in the United States. Outdoor Recreation in American Life: A National Assessment of Demand and

Supply Trends. Sagamore Publishing.

23) Snyder Stephanie A. and Butler Brett J. 2012. A National Assessment of Public Recreational Access on Family Forestlands in the United States. Journal of Forestry. Volume 110, Number 6. pp. 318-327.

24) Butler, Brett J. 2008. Family forest owners of the United States. 2006. GTR. NRS-27.

6 野外レクリエーション利用のための私有地へのアクセスの促進

25) Butler Brett J. 2012. Recreation on Private Forest Land in the United States. Invited Paper. Outdoor Recreation Trends and Futures. A Technical Document Supporting the Forest Service 2010 RPA Assessment.

26) USDA. NRCS. Voluntary Public Access and Habitat Incentive Program. August 17, 2015.

27) 廣川祐司. 2014. フットパスの創造とツーリズム.「エコロジーとコモンズ―環境ガバナンスと地域自立の思想」. p. 148. 晃洋書房

28) 嶋田大作. 2014. 新たに創出される開放型コモンズ.「エコロジーとコモンズ―環境ガバナンスと地域自立の思想」. pp. 170-184. 晃洋書房

29) 武内和彦・中尾文子. 2014. 里山ランドスケープを育む―里山・里海評価とSATOYAMAイニシアテイブ.「日本の自然環境政策―自然共生社会をつくる」. p. 153. 東京大学出版会

第2章 ヨーロッパ編

1 リ・ワイルディング (再野生化) とレクリエーション

1) 柴田晋吾. 2017. 持続可能なレクリエーション. ヨーロッパ編 (1) リ・ワイルディング (再野生化) とレクリエーション. スウェーデン最南端のモデル的取り組み.「森林レクリエーション」誌361. pp. 4-7.

2) Katrine Sorensen. 2017. The Tullstorp Workshop Presentation Paper.

2 野生生物関連のレクリエーションの高まりと「新たなサービス経済」の台頭 (1)

3) 柴田晋吾. 2017. 持続可能なレクリエーション. ヨーロッパ編(2)「リ・ワイルディ

ング(再野生化)」と野生生物関連のレクリエーションの高まりによる「新たなサービス経済」の台頭（その1）「森林レクリエーション」誌362. pp. 8-11.

4）Rewilding Europe website（https://www.rewildingeurope.com/）

5）WILD10. 2015. A vision for a Wilder Europe 2nd Edition.

3　野生生物関連のレクリエーションの高まりと「新たなサービス経済」の台頭（2）

6）柴田晋吾. 2017. 持続可能なレクリエーション. ヨーロッパ編（3）「リ・ワイルディング(再野生化)」と野生生物関連のレクリエーションの高まりによる「新たなサービス経済」の台頭（その2）「森林レクリエーション」誌363. pp. 4-7.

7）Stefanie Deinet. et. al. 2013. Wildlife Comeback in Europe：The recovery of selected mammal and bird species.

4　レクリエーション利用をめぐる対立と森林管理の課題

8）柴田晋吾. 2017. 持続可能なレクリエーション. ヨーロッパ編（4）「レクリエーション利用をめぐる対立と森林管理の課題（その1）「森林レクリエーション」誌377. pp. 4-8.

9）柴田晋吾. 2017. 持続可能なレクリエーション. ヨーロッパ編（5）レクリエーション利用をめぐる対立と森林管理の課題（その2）「森林レクリエーション」誌378. pp. 4-6.

10）Hall C. Michael, Stefan Gossling and Daniel Scott 2015. The Evolution of Sustainable Development and Sustainable Tourism. The Routledge Handbook of Tourism and Sustainability.

11）Simon Bell, Liisa Tyrväinen, Tuija Sievänen, Ulrike Pröbstl and Murray Simpson,"Outdoor Recreation and Nature Tourism: A European Perspective", Living Rev. Landscape Res., 1, 2007, 2. http://www.livingreviews.org/lrlr-2007-2

5　森林のスピリチュアルな価値について

12）柴田晋吾. 2020. 森林のスピリチュアルな価値について—欧州での議論から. 「森林レクリエーション」誌393. pp. 10-12.

13）Poggendorf Lorenz and Shibata Shingo. 2017. Forest Kindergartens and

"Nature Deficit Society - Practical Review of "Waldkindergärten" in Germany and Their Implications for "Mori no Yōchien in Japan". Sophia University Global Environmental Studies Journal. No. 12.

第3編　環境の価値を守ることで経済発展も目指す

第1章　協働により地域の再生を目指す

1　地域協働体とアメリカ国有林（1）

1）柴田晋吾. 2015. 協働により「地域再生」と「生態系復元」の同時実現を目指す アメリカ国有林の取り組み.「地球環境学」誌10. pp. 27-48.

2）柴田晋吾. 1987. アメリカ国有林の森林計画と国民参加. 森林計画會報. No. 311

3）William D. Leach. 2006. Public Involvement in USDA Forest Service Policymaking: A Literature Review. Journal of Forestry. Vol. 104, No. 1. pp. 43-49.

4）柴田晋吾. 2000. アメリカカリフォルニア州タホ国有林の森林計画の策定過程における国民参加についての分析.「森林計画学会」誌34（2）. pp. 93-103.

5）柴田晋吾. 2006. エコ・フォレスティング. 日本林業調査会. pp. 192-193

6）Courtney A. Schultz, Theresa Jedd, Ryan D. Beam. 2012. The Collaborative Forest Landscape.

7）Council on Environmental Quality. 2007. A Citizen's Guide to the NEPA.

8）Franklin Jerry F., Johnson K. Norman, Johnson Debora L. 2018. Ecological Forest Management.

9）Barbara Gray and Donna Wood. 1991. Collaborative Alliances: Moving from Practice to Theory. Toward a Comprehensive Theory of Collaboration. Journal of Applied Behavioral Science

10）Margerum Richard D. 2011. Beyond Consensus. Improving Collaborative Planning and Management. MIT Press. pp. 6-16.

11）William Hale Butler. 2013. Collaboration at Arm's Length: Navigating Agency Engagement in Landscape-Scale Ecological Restoration Collaboratives. Journal of Forestry. Vol. 111, Number 6. pp. 401-402.

2 地域協働体とアメリカ国有林（2）

12）Rebecca L. Flitcroft, Lee K. Cerveny, Bernard T. Bormann, Jane E. Smith, Stanley T. Asah and A. Paige Fischer. 2017. The Emergence of Watershed and Forest Collaboratives. Chapter 9. People Forests and Change. Lessons from the Pacific Northwest. Island Press.

13）Idaho Forest Restoration Partnership 2011 Workshop Report. Collaborative Forest Restoration in Idaho. January 19-20, 2011.；Idaho Forest Restoration Partnership 2013 Collaborative Forest Restoration in Idaho./APPENDEX. Summary of Collaborative Forest Restoration Groups and Projects in Idaho.

14）USDA Forest Service. MOU between CBC and USDA FS CWNP NF. FS Agreement No. Cooperator Agreement Nol 10-mU-1101055-017

15）Clearwater Basin Collaborative. Operating Protocols. Amended on 9/28/2011 (http://www.clearwaterbasincollaborative.org/, 2014年5月20日取得)

16）Boise Forest Coalition. 2014.（http://boiseforestcoalition.org/, 2014年5月20日取得)

3 地域協働体とアメリカ国有林（3）

17）USDA Forest Service. 2011. Key Principles and Practical Advice for Complying with the Federal Advisory Committee Act.

18）Council on Environmental Quality. 2007. Collaboration in NEPA. A Handbook for NEPA Practitioners. pp. 4-49.

19）柴田晋吾. 1998. カナダにおける持続可能な森林の取り扱いのための合意形成の取り組み—BC州とオンタリオ州の森林土地利用計画を中心に—. 林業経済研究. vol. 44. No. 2. pp. 61-66.

20）USDA Forest Service. 2014. Proposed Action for Forest Plan Revision Nez Perce-Clearwater National Forests.

21）Long Rebecca and Beierle Thomas. 1999. The Federal Advisory Committee Act and Public Participation in Environmental Policy. Discussion Paper 99-17. pp. 9-29.

22）The Forestry Source. 2014. April Issue. Society of American Foresters.

23）アメリカ森林局のTimory Peel氏およびPeter Gaulke氏への取材に基づく。

4　地域協働体とアメリカ国有林（4）

24）柴田晋吾. 2011. アメリカ国有林の森林計画改訂へ新規則案を公表. グローバル・ウオッチ・林政ニュース

25）Planning Rule Advisory Committee Meeting. 2014. Summary Meeting. Available:（http://www.fs.usda.govmain/planningrule/committee. last accessed on 5/20/2014）;（http://www.fs.usda.gov/detail/planningrule/collaboration/?cid=STELPRDB5136341. last accessed 5/20/2014）;（http://www.fs.usda.gov/ditail/planningrule/committee/?cid=stelprodb5372048. Last accessed on 5/20/2014）

26）NPCW National Forest. 2012. NPCW National Forest Collaborative Forest Planning.

27）USDA. Forest Service. 2019. Nez Perce-Clearwater National Forest Website（https://www.fs.usda.gov/detail/nezperceclearwater/landmanagement/planning/?cid=stelprdb5447338）

28）Shindler Bruce and Neburka Julie. 1997. Public Participation in Forest Planning. 8 Attributes of Success. Journal of Forestry. 95-1, pp. 17-19.

29）Council on Environmental Quality. 1997. The National Environmental Policy Act. A Study of Its Effectiveness After Twenty-five Years.

30）柴田晋吾. 2001. 森林の多元的価値実現論―持続可能な森林環境資源管理のあり方についての考察―. 学位請求論文. 東京大学

第2章　自然の恵み（生態系サービス）を売る

1　環境サービスを売る森―ボスコリミテ（その1）

1）柴田晋吾. 2021. 世界の森からSDGsへ. 自然の恵み（生態系サービス）を売る森：ボスコ・リミテ（その1）「グリーンパワー」誌2021-1. pp. 10-11.

2）Brotto Lucio and Pinato Federico. 2019. Personal Communication.

3）柴田晋吾. 2019. 環境にお金を払う仕組み―PES（生態系サービスへの支払い）が分かる本. 大学教育出版

4）Brotto Lucio and Pettenella Davide（ed.）. 2018. Forest Management Auditing. Certification of Forest Products and Services. Earthscan from Routledge.

5）FSC. 2018. Ecosystem Services Procedure: Impact Demonstration and Market

Tools. FSC-PRO-30-006 V1-0 EN.

2　環境サービスを売る森―ボスコリミテ（その2）

6) 柴田晋吾. 2021. 世界の森からSDGsへ. 自然の恵み（生態系サービス）を売る森：ボスコ・リミテ（その2）「グリーンパワー」誌2021-2. pp. 10-11.

7) Federico Pinato and Lucio Brotto. 2019. 2020. 2021. Personal Communication.

8) Giustino Mezzalira. 2019. Personal Communication.

9) Veneto Agricoltura. Managed Aquifer Recharge (MAR) demonstrative techniques for the quantitative restoration of the groundwater balance in the Vicenza Upper Plain.

10) Regione del Veneto. Forested Infiltration Areas to recharge aquifers. www. ideassonline..org

3　新たなビジネスモデルを目指すシンシア（SINCERE）プロジェクト

11) 柴田晋吾. 2021. 世界の森からSDGsへ. 新たなビジネスモデルを目指すシンシアプロジェクト. 「グリーンパワー」誌2021-4. pp. 10-11.

12) SINCEREウェブサイト（https://sincereforests.eu/progress-plans-and-potential-impact-at-sincere-halfway-point/）

13) The future of forests managed for multiple services in Europe - YouTube, https://www.cepf-eu.org/news/bonn-hosted-discussion-governing-and-managing-forests-multiple-ecosystem-services-across-globe

4　ポルチーニキノコの聖地：ボルゴバルディターロ（その1）

14) 柴田晋吾. 2021. 世界の森からSDGsへ. ポルチーノキノコの聖地：ボルゴターロ（1）「グリーンパワー」誌2021-7. pp. 10-11.

15) Vidale Enrico and Mortali Antonio 2019. Personal Communication.

16) PGI: Protected Geographical Indication/IGP: Indicazione Geografica Protetta

17) Vidale Enrico and Mortali Antonio 2018. The recreational wild mushroom collection in the Taro Valley: challenges and proposals. SINCERE meeting Leuven.

5　ポルチーニキノコの聖地：ボルゴバルディターロ（その2）

18）柴田晋吾. 2021. 世界の森からSDGsへ. ポルチーノキノコの聖地：ボルゴター
ロ（2）「グリーンパワー」誌2021-8. pp. 10-11.

19）Enrico Vidale. 2019. 2021. Personal Communication.

20）柴田晋吾. 2006. エコ・フォレスティング. p. 237

21）Simon Egli, Martina Peter, Christoph Buser, Werner Staheland François
Ayer. 2006. Mushroom picking does not impair future harvests - results of a
long-term study in Switzerland. Biological Conservation 129, 271-276.

6　スイスにおける新しいグリーンな森の仕事

22）柴田晋吾. 2022. 世界の森からSDGsへ. スイスにおける新しいグリーンな仕
事.「グリーンパワー」誌ウェブ版. 2022-3.

23）FAO/UNECE. 2018. Green Jobs in the Forest Sector.

24）Andreas Bernasconi. 2021. Presentation資料. International Symposium: Exploring
the Importance of Cultural Forest Ecosystem Services（FES）in an International
Perspective - Towards New Forest-related Business　Opportunities? Nov. 2021.

25）Andreas Bernasconi. Personal Communication.

26）Zoë D. Lorek, INFTA. 2021. Personal communication.

第3章　森と人の新たな関係を創る
1　コロナ禍で森を目指す人々

1）柴田晋吾. 2021. 世界の森からSDGsへ. コロナ禍で森に向かう人々と新たな課
題.「グリーンパワー」誌2021-5. pp. 10-11.

2）Jakob Derks, Lukas Giessen, Georg Winkel. 2020. COVID-19-induced visitor
boom reveals the importance of forests as critical infrastructure.

3）James McGinlay, et. al. 2020. The Impact of COVID-19 on the Management of
European Protected Areas and Policy Implications.

4）Lara A. Jacobs, Michael P. Blacketer, Brian A. Peterson, Elena Levithan,
Zachary A. Russell and Michael Brunson. 2020. Responding to COVID-19 and
future times of uncertainty: Challenges and opportunities associated with

visitor use, management, and research in parks and protected areas.

2 フォリッジングの現代的意義

5）柴田晋吾. 2021. 世界の森からSDGsへ. フォリィッジングの現代的意義.「グリーンパワー」誌2021-6. pp. 10-11.

6）Bernhard Volfslehner, Irina Prokofieva and Robert Mavsar ed. 2019. Non-wood forest products in Europe: Seeing the forest around the trees. European Forest Institute.

7）世界の街の食べられるフルーツなどの情報サイト（www.fallingfruit.org）。また、2020年3月19日のNATIONAL GEOGRAPHICの記事（https://www.nationalgeographic.com/travel/article/how-urban-foraging-became-the-new-way-to-explore-a-city）。

8）Schwartz Aaron J., Peter Sheridan Dodds, Jarlath P. M. O'Neil-Dunne, Christopher M. Danforth and Taylor H. Ricketts. 2019. Visitors to urban green space have higher sentiment and lower negativity on Twitter. People Nature. British Ecological Society.

3 500年以上持続管理されたヴェネチアの森にオオカミが戻る

9）柴田晋吾. 2021. 世界の森からSDGsへ. ベネチアの森にオオカミが戻る.「グリーンパワー」誌2021-11. pp. 10-11.

10）Dr. Giustino Mezzalira. 2020. Personal Communication.

11）Franco Bastianon. 2018. Il Cansiglio -Dal 1548 al 1699

12）Veneto Agricoltura. The Cansiglio Forest

4 エコツアーで持続可能な地域づくり

13）柴田晋吾. 2021. 世界の森からのSDGsへ. エコツアーで持続可能な地域づくり.「グリーンパワー」誌2021-12. pp. 11-12.

14）Cordell H. Ken. 2012. Outdoor Recreation Trends and Futures. A Technical Document Supporting the Forest Service 2010 RPA Assessment.

15）柴田晋吾. 2019. 生態系サービスへの支払い（PES）による持続可能な地域づくりを目指す―タイにおける取り組みから.「地球環境学」誌14. pp. 39-48.

5　美しいカントリーサイドを守る仕組み

16）柴田晋吾. 2022. 世界の森からSDGsへ. 美しいカントリーサイドを守る仕組み.「グリーンパワー」誌ウェブ版2022-1.

17）Ian Hodge. 2020. Lecture Material. Cambridge University.

18）柴田晋吾. 2019. 環境にお金を払う仕組み—PES（生態系サービスへの支払い）が分かる本. 大学教育出版

6　環境を守るために地域企業が動く

19）柴田晋吾. 2022. 世界の森からSDGsへ. 環境を守るために地域企業が動く.「グリーンパワー」誌ウェブ版2022-2

20）Simon Smith. 2020. Personal Communication.

21）Go-Cotswolds-signs-up-to-visitor-giving/blog: https://www.gocotswolds.co.uk/blog/go-cotswolds-signs-up-to-visitor-giving/

22）Nurture Lakeland website: https://www.visitengland.com/sites/default/files/downloads/visitor_giving_helpsheets.pdf

第4章　SDGs実現のための世界の戦略
1　「皆伐をしない林業」の世界的拡がり

1）柴田晋吾. 2021. 世界の森からSDGsへ.「皆伐をしない林業」の世界的拡がり.「グリーンパワー」誌2021-9. pp. 10-11.

2）Franklin Jerry F., Johnson K. Norman, Johnson Debora L. 2018. Ecological Forest Management; 柴田晋吾. 2019. 環境サービス林業（生態系サービス林業）のビジョン.「森林技術」誌No. 925. pp. 28-31.

3）Association Futaie Irreguliere. 2011. Management of Irregular Forests. Continuous Cover Forestry

2　「EU森林戦略2030」の注目点

4）柴田晋吾. 2021. 世界の森からSDGsへ. EU森林戦略2030の注目点.「グリーンパワー」誌2021-10. pp. 10-11.

5）European Commission. 2021. New EU Forest Strategy for 2030.

3 イギリスにおける森林拡大・国民のアクセス促進策（1）

6）柴田晋吾. 2022. 世界の森からSDGsへ. 英国の森林拡大. 国民のアクセス促進策（1）「グリーンパワー」ウェブ版2022-4.

7）Committee on Climate Change. 2020. Land Use: Policies for Net Zero UK.（https://www.theccc.org.uk/publication/land-use-policies-for-a-net-zero-uk/）

8）Gregory Valatin. Presentation資 料. International Symposium: Exploring the Importance of Cultural Forest Ecosystem Services（FES）in an International Perspective - Towards New Forest-related Business Opportunities?. Nov. 2021.

9）DEFRA. The England Trees Action Plan 2021-2024（https://www.gov.uk/government/publications/england-trees-action-plan-2021-to-2024）

10）Forestry Commission. 2021. Urban Tree Challenge Fund（https://www.gov.uk/guidance/urban-tree-challenge-fund）

11）Forestry Commission. 2021. Guidance Local Authority Treescapes Fund.（https://www.gov.uk/guidance/local-authority-treescapes-fund）

12）Forestry Commission. 2021. Guidance England Woodland Creation Offer.（https://www.gov.uk/guidance/england-woodland-creation-offer）

13）National Forest Wales. 2021. The Woodland Investment Grant. Rules booklet.（https://gov.wales/national-forest-wales-woodland-investment-grant-rules-booklet）

14）DEFRA/RPA. 2021. Environmental Land Management Schemes: overview.（https://www.gov.uk/government/publications/environmental-land-management-schemes-overview/environmental-land-management-scheme-overview）

15）DEFRA/RPA/Forestry Commission. 2021.Farm woodland standard of the sustainable farming incentive pilot.（https://www.gov.uk/guidance/farm woodland-standard）

16）DEFRA/RPA. 2021. Hedgerows standard of the Sustainable Farming incentive pilot.（https://www.gov.uk/guidance/hedgerows-standard）

17）DEFRA/RPA. 2021. Guidance Environmental Land Management Schemes: overview. 2021.（https://www.gov.uk/government/publications/environmental-land-management-schemes-overview/environmental-land-management-scheme-overview）

18）DEFRA. 2021. Tests and Trails Evidence Report.（https://assets.publishing. service.gov.uk/government/uploads/system/uploads/attachment_data/ file/999402/elm-tt-june21.pdf）

4　イギリスにおける森林拡大・国民のアクセス促進策（2）

19）柴田晋吾. 2022. 世界の森からSDGsへ. 英国の森林拡大. 国民のアクセス促進策（2）「グリーンパワー」ウェブ版2022-5.

20）Crown copy right. 2021. The Economics of Biodiversity: the Dasgupta Review.

21）Davies Helen. 2020. Money doesn't grow on trees. How to increase funding for the delivery of urban forest ecosystem services? University of Southampton. Doctoral Thesis.

22）DEFRA/EA. 2021. Natural Environment Investment Readiness Fund.（https://www.gov.uk/government/news/innovative-nature-projects-awarded-funding-to-drive-private-investment）

23）UK. Woodland carbon code ウェブサイト（https://woodlandcarboncode.org.uk/）

24）Forestry Commission. 2019. Woodland carbon guarantee.（https://www.gov.uk/guidance/woodland-carbon-guarantee）

25）ウッドランドトラスト　ウェブサイト（https://www.woodlandtrust.org.uk/about-us/what-we-do/）

26）ナショナルトラスト　ウェブサイト（https://www.nationaltrust.org.uk/features/plant-a-tree）

27）ワールド・ランド・トラスト　ウェブサイト（https://www.worldlandtrust.org/appeals/plant-a-tree/）

28）英語政府ウェブサイト（https://www.nidirect.gov.uk/articles/permits-vehicles-and-activities-forests）

索　引

〈著者紹介〉

京都府出身。農林水産省、国連食糧農業機関（FAO）などの勤務を経て上智大学教授（執筆時）。上智大学大学院地球環境学研究科委員長、パドヴァ大学客員教授、ケンブリッジ大学客員研究員、カセサート大学客員教授などを歴任。現在は山形県農林水産部勤務。上智大学客員教授。科学修士（カリフォルニア大学バークレー校）。農学博士（東京大学）。アメリカフォーレスターズ協会会員。主要著書に、『エコ・フォレスティング』（日本林業調査会）、『環境にお金を払う仕組み──PES（生態系サービスへの支払い）が分かる本』（大学教育出版）。

世界の森から SDGs へ
──森と共生し、森とつながる

2022 年 7 月 20 日　第 1 版第 1 刷発行

著　者：柴　田　晋　吾
発行者：佐　久　間　　　勤
発　行：Sophia University Press
　　　　上　智　大　学　出　版

〒 102-8554　東京都千代田区紀尾井町 7-1
URL：https://www.sophia.ac.jp/

制作・発売　㈱ぎょうせい
〒 136-8575　東京都江東区新木場 1-18-11
URL：https://gyosei.jp
フリーコール　0120-953-431
〈検印省略〉

Sophia University Press

　上智大学は、その基本理念の一つとして、
「本学は、その特色を活かして、キリスト教とその文化を研
究する機会を提供する。これと同時に、思想の多様性を認
め、各種の思想の学問的研究を奨励する」と謳っている。

　大学は、この学問的成果を学術書として発表する「独自
の場」を保有することが望まれる。どのような学問的成果
を世に発信しうるかは、その大学の学問的水準・評価と深
く関わりを持つ。

　上智大学は、(1) 高度な水準にある学術書、(2) キリス
ト教ヒューマニズムに関連する優れた作品、(3) 啓蒙的問
題提起の書、(4) 学問研究への導入となる特色ある教科書
等、個人の研究のみならず、共同の研究成果を刊行するこ
とによって、文化の創造に寄与し、大学の発展とその歴史
に貢献する。

Sophia University Press

One of the fundamental ideals of Sophia University is "to embody the university's special characteristics by offering opportunities to study Christianity and Christian culture. At the same time, recognizing the diversity of thought, the university encourages academic research on a wide variety of world views."

The Sophia University Press was established to provide an independent base for the publication of scholarly research. The publications of our press are a guide to the level of research at Sophia, and one of the factors in the public evaluation of our activities.

Sophia University Press publishes books that (1) meet high academic standards; (2) are related to our university's founding spirit of Christian humanism; (3) are on important issues of interest to a broad general public; and (4) textbooks and introductions to the various academic disciplines. We publish works by individual scholars as well as the results of collaborative research projects that contribute to general cultural development and the advancement of the university.

Towards SDGs from Global Forest Perspective:
Coexisting with Forests and Reconnecting with Forests

© Shingo Shibata, 2022

published by

Sophia University Press

production & sales agency : GYOSEI Corporation,Tokyo

ISBN 978-4-324-11167-3

order : https://gyosei.jp